大師如何設計

最完美住宅照明

How to Design the Ultimate Residential Lighting

EOS plus- 遠藤和広　高橋翔

瑞昇文化

CONTENTS

Part 1 照明的基礎知識

照明用語

光源

如何閱讀目錄

照明器具的種類與使用方法

Part 2 住宅照明的設計流程

意匠設計師的照明計劃

照明設計師所進行的照明計劃

Part 3 照明器具的整合與注意點

設計上的技巧與注意點

Part 4 不同區域的照明設計重點

不同區域的照明設計重點

高齡者的視覺特徵與照明設計

CONTENTS

Part 5 案例介紹

住宅照明的各種案例

Part 6 照明與節能住宅

用照明手法來思考節能

Part 7 未來的照明設計

用明亮的感覺來設計照明

Part 1

照明的基礎知識

照明用語

思考照明設計時所閱讀的產品目錄，總是有著許多專業用語。雖然沒有必要全部都瞭若指掌，但還是得掌握最低限度的用語跟照明單位、照明器具的種類、照明周邊設備，讓我們在此一樣一樣進行介紹。

用數據掌握光

我們無法只用數據來設計照明，但要是可以掌握部分數據所代表的意義，則可以某種程度想像光對空間所造成的效果。

照度、光通量、光強、亮度的意象圖

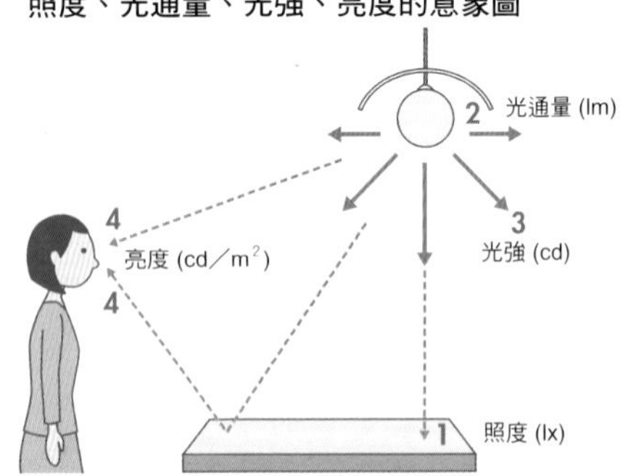

必須掌握的7種基本單位

單位	內容
1 照度 勒克斯 (lx)	以光所照射的物體表面為基準，每單位面積所接收到的光通量，代表有多少光可以抵達這個地點。1勒克斯，代表1平方公尺的面積被1流明的光通量照射時的亮度。
2 光通量 流明 (lm)	光源所發出的光量。
3 發光強度 (光強) 坎德拉 (cd)	光源往特定方向發出多少光量，代表光的強度。
4 亮度 坎德拉每平方米 (cd／m^2)	當人看一個發光體或被照射物體表面的發光或反射光強度時，實際感受到的明亮度。
5 色溫 開爾文 (K)	照度、光通量、光強、代表光顏色的數據，會以紅→橘→黃→白→藍白的順序往上攀升。自然光也是一樣，泛紅的朝日跟夕陽色溫較低，中午偏黃的白色太陽光色溫較高。
6 演色性 照度、光通演色性評價指數 (Ra)的意象圖	當光源照到一個物體時，對物體顏色的呈現所造成的影響。以自然光(太陽光)為基準，顏色呈現得越是自然演色性越好，不自然的話則代表演色性差。越是接近Ra＝100演色性越好。
7 發光效率 流明每瓦特 (lm／W)	每一瓦特的電力所能發出的光通量，用來判斷各種燈具的效率。各種主要燈具的效率為：一般白熱燈泡約15lm／W、燈泡型日光燈約60lm／W、直管型日光燈約85lm／W、直管型高頻日光燈約110lm／W。

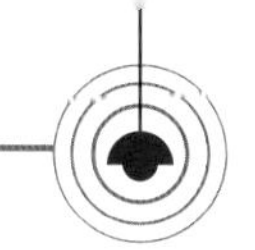

空間給人的印象會隨著色溫(K)變化

東芝LITEC

COLUMN

緊急照明的相關法規

日本政府制定有跟照度相關的法律規定，緊急照明的相關法規可說是其中的代表。將白熱燈泡用來當作緊急照明時，最少要有1勒克斯的照度。但在日光燈的場合，則必須有2勒克斯。日光燈比較容易受到周圍溫度的影響，溫度上升會讓燈具的輸出減半，這樣在火災時無法維持照度，因此要有2倍的2勒克斯。除此之外，勞動安全衛生規則制定有工廠所須的最低限度的照度。

作業種類	精密作業	一般作業	粗糙的作業
基準	300勒克斯以上	150勒克斯以上	70勒克斯以上

勞動安全衛生規則第3篇第4章第604條，工廠所須的最低限度的照明。除此之外JIS還規定有各種廠須要的照度。

照度	構造	機能
確保地板有1勒克斯以上的照度。 就算室內溫度上升，地板也必須要有1勒克斯以上的照度。	就算在火災時溫度上升，發光強度也不可以降低。按照國土交通大臣所規定的結構方式，來確保緊急照明所須的設備。	設有備用電源。 火災等停電時自動亮起，在避難結束之前就算室內溫度上升，也能維持1勒克斯以上的照度，並受到國土交通大臣的認可。

出自日本建築基準法第五章第四節。此外，日本對於不得不加裝緊急照明裝置的設施及場所，在此基準法中亦有規定。

用流明法來計算平均照度的公式

$$E\ (\text{平均照度}) = \frac{F \times N \times U \times M}{A}$$

計算平均照度時所須的5個項目

項目	內容
F 每一台器具的光通量 (lm)	隨著照明器具跟光源而不同，會寫在製造商的產品目錄上。
N 器具數量 (台)	計算平均照度的房間內所設置的照明器具的數量。
U 照明率	光抵達照射面的比率，會由製造商提供照明率表 (表1)。取決於室指數跟反射率 (表2)，室指數可用以下的公式求出 室指數 $\frac{\text{寬 (m)} \times \text{長 (m)}}{(\text{寬 (m)} + \text{長 (m)}) \times \text{器具裝設高度 (m)}}$
M 維護係數	燈具的光通量會漸漸降低，還會受到器具上的污垢等因素的影響，在計算平均照度時，會事先將照度的衰減率包含在內。這個係數就是所謂的維護係數 (表3)。
A 面積 (m^2)	欲算出平均照度的總照射面積。

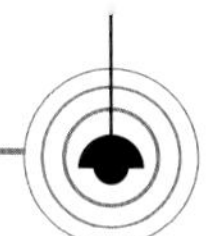

表1 用照明率表來求出器具的照明率

室內的反射率(%)																	
天花板	70	70	70	70	50	50	50	50	30	30	30	30	10	10	10	10	0
牆壁	70	50	30	10	70	50	30	10	70	50	30	10	70	50	30	10	0
地板	10	10	10	10	10	10	10	10	10	10	10	10	10	10	10	10	0
室指數																	
0.60	.38	.31	.27	.23	.37	.30	.26	.23	.35	.30	.26	.23	.34	.29	.26	.23	.22
0.80	.44	.37	.33	.29	.42	.36	.32	.29	.41	.36	.32	.29	.39	.35	.31	.29	.28
1.00	.49	.42	.38	.35	.47	.41	.37	.34	.45	.40	.37	.34	.43	.39	.36	.34	.32
1.25	.52	.47	.43	.40	.50	.46	.42	.39	.49	.45	.41	.39	.47	.43	.41	.38	.37
1.50	.55	.50	.46	.43	.53	.49	.46	.43	.51	.48	.45	.42	.50	.47	.44	.42	.41
2.00	.59	.55	.52	.49	.57	.54	.51	.48	.55	.52	.50	.48	.53	.51	.49	.47	.45
2.50	.61	.58	.55	.53	.59	.56	.54	.52	.57	.55	.53	.51	.56	.54	.52	.51	.49
3.00	.63	.60	.58	.56	.61	.59	.56	.55	.59	.57	.55	.54	.57	.56	.54	.53	.52
4.00	.65	.62	.60	.59	.63	.61	.59	.58	.61	.59	.58	.57	.59	.58	.57	.56	.55
5.00	.66	.64	.62	.61	.64	.62	.61	.60	.62	.61	.60	.58	.60	.59	.58	.57	.57

條件：室指數1.25
反射率・天花板30%、牆壁70%、地板10%

反射率跟室指數交錯部分的數據，就是該器具的照明率。

MAXRAY MX8461的照明率表。
光源／FPL55w×4、燈具光通量／4,500lm×4、維護係數／良0.74・普通0.70・差0.62

表2 反射率會隨著裝飾的材質跟顏色而變化

材質	反射率
白灰泥	60~80%
白牆	55~75%
淺色的牆壁	50~60%
深色的牆壁	10~30%
淺色的窗簾	30~50%
木材 (白木)	40~60%
木材 (黃色亮光漆)	30~50%

材質	反射率
木材 (Medium Oak)	10~30%
障子紙	40~50%
塑膠布	80~90%
疊蓆	30~40%
水泥	25%
透明玻璃	8%

表3 維護係數會隨著燈具與器具的種類、使用環境而變化

照明器具的種類		白熱燈泡			迷你氪燈泡			鹵素燈泡			燈泡型日光燈		
	周遭環境	良	普通	差	良	普通	差	良	普通	差	良	普通	差
裸露型	HID、白熱燈泡類、燈泡型日光燈	0.91	0.89	0.84	0.88	0.86	0.81	0.91	0.89	0.84	0.77	0.74	0.70
下方開放型 (落地燈等)		0.84	0.79	0.70	0.81	0.77	0.67	0.84	0.79	0.70	0.70	0.66	0.58

取自社團法人照明學會技術指標『照明設計的維護係數與維護計劃(第3版)』
使用環境：光源的維修狀態良好、室內清潔的房間為「良」；灰塵多的地點或難以打掃的地點為「差」

實際計算平均照度

例題：在寬10公尺、長10公尺、天花板高2.8公尺的房間內裝設8具MAXRAY MX8460時，距離地板0.8公尺的平均照度是多少？

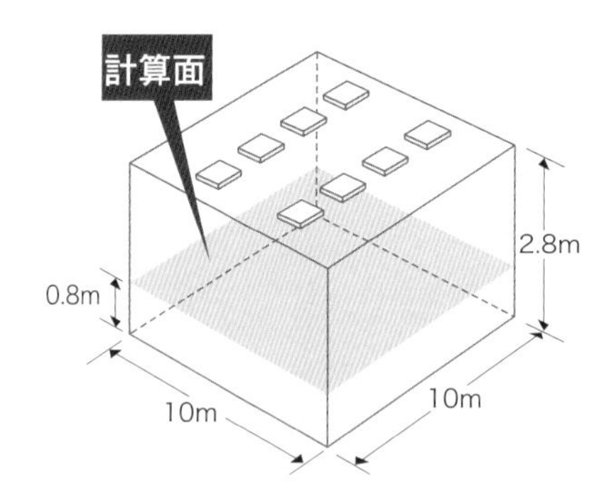

①要求出照明率，得先算出室指數

$$室指數=\frac{寬10m\times長10m}{(寬10m\times長10m)\times(天花板高2.8m-求平均照度的位置0.8m)}=2.5$$

②接著從照明率表找出照明率 (U)

MAXRAY MX8460的照明率表

室內的反射率(%)	天花板	70	70	70	70	50	50	50	50	30	30	30	30	10	10	10	10	0
	牆壁	70	50	30	10	70	50	30	10	70	50	30	10	70	50	30	10	0
	地板	10	10	10	10	10	10	10	10	10	10	10	10	10	10	10	10	0
室指室																		
0.60		.38	.31	.27	.23	.37	.30	.26	.23	.35	.30	.26	.23	.34	.29	.26	.23	.22
0.80		.44	.37	.33	.29	.42	.36	.32	.29	.41	.36	.32	.29	.39	.35	.31	.29	.28
1.00		.49	.42	.38	.35	.47	.41	.37	.34	.45	.40	.37	.34	.43	.39	.36	.34	.32
1.25		.52	.47	.43	.40	.50	.46	.42	.39	.49	.45	.41	.39	.47	.43	.41	.38	.37
1.50		.55	.50	.46	.43	.53	.49	.46	.43	.51	.48	.45	.42	.50	.47	.44	.42	.41
2.00		.59	.55	.52	.49	.57	.54	.51	.48	.55	.52	.50	.48	.53	.51	.49	.47	.45
2.50		.61	.58	.55	.53	.59	.56	.54	.52	.57	.55	.53	.51	.56	.54	.52	.51	.49
3.00		.63	.60	.58	.56	.61	.59	.56	.55	.59	.57	.55	.54	.57	.56	.54	.53	.52
4.00		.65	.62	.60	.59	.63	.61	.59	.58	.61	.59	.58	.57	.59	.58	.57	.56	.55
5.00		.66	.64	.62	.61	.64	.62	.61	.60	.62	.61	.60	.58	.60	.59	.58	.57	.57

光源／FLP55w×4、燈具光通量／4500lm×4、維護係數／良0.74、普通0.70、差0.62

條件：反射率・天花板70%、牆壁70%、地板10% 維護係數・普通0.7

將上述條件套入照明率表可以發現照明率是0.61

③最後求出平均照度 (E)

$$平均照度(E)=\frac{燈具光通量\ (F)\ 4500lm\times每台器具的4顆燈泡\times器具數量\ (N)\ 8台\times照明率\ (U)0.61\times維護係數\ (M)\ 0.7}{面積100m^2}$$

平均照度為**615勒克斯**

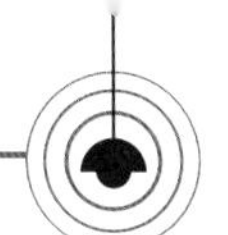

用言語來表現光的呈現方式

用語言來形容光的時候，有一些專用的詞彙存在。照明計劃必須以沒有實體的光當作對象，因此如何透過語言來理解、表現實際的呈現方式，將顯得額外重要。

表現光的詞彙	內容
整體照明	讓室內整體亮起來的主要照明。為了讓整體的照度均勻，會用一定的間隔來設置複數的燈具。
局部照明	只照亮特定部位的照明。局限照明的範圍可以達到較佳的經濟效益、使明暗區分更加明確，形成充滿氣氛與情調的空間，但容易讓眼睛感到疲勞。
建築化照明	將照明融入天花板或牆壁之中的手法。可以發光的天花板、牆壁、地板等間接照明也包含在內。比較容易達成均等的照度，但效率較差、不容易維修，必須使用壽命較長的光源，並考慮到照明器具所發出的熱跟聲音。
集光	用反射板或透鏡將光源集中到同一點或同一方向。可以提高集光面的照度，但是與範圍外照度的落差也會變大。
擴散光	含蓋廣範圍的光芒，想讓整體得到均等的亮度時使用。擁有較大發光面積的日光燈，就是屬於這個類型。
眩光	當亮度超過眼睛所能適應的範圍時，會給人刺眼、看不到東西的感覺。比方說直接被車燈照到，會看不到周圍其他物體。會帶來這些感覺的光芒被稱為眩光。在進行照明設計時，得特別注意照明器具的位置跟光源的方向。
Scallop (扇型光)	用落地光等光源，在牆壁上形成貝殼一般的圖樣。隨著牆壁與落地燈的位置而形成。Scallop會隨著燈光的間隔跟器具反射板的種類而變化，必須注意是否可以形成自己所想像的效果。
均齊度	照射面之照度均勻到什麼程度的數據。
Overlap (重疊照明)	把日光燈當作間接照明時，為了防止亮光產生不均勻的部分，將100～200mm左右的燈座重疊在一起的手法。另外也代表在調光時，從A的亮光轉變成B的亮光時，在A完全消失之前將B的亮光疊上去。
摩爾紋	當光通過遮罩或被遮住時，會在遮罩或照射面上形成波浪一般的圖樣。這些圖樣被稱為摩爾紋。
頻閃	燈光的閃爍。照明器具的電壓下降所造成的現象，嚴重的場合會反覆閃爍，形成讓人不愉快的光芒。
三波長	透過日光燈燈管上所塗佈的螢光物質，讓紅、藍、綠等3原色的頻率可以有效的發光，也可以指發光效率跟演色性較高的燈具。

了解照明器具的性能與特徵

進行照明設計時，必須選出適合各個空間的照明器具。但照明器具款式繁多，性能與特徵也各不相同，對此進行瞭解，是選擇照明器具的第一步。在此介紹住宅使用的代表性照明器具的特徵與注意點。

一般住宅所使用的照明器具的種類

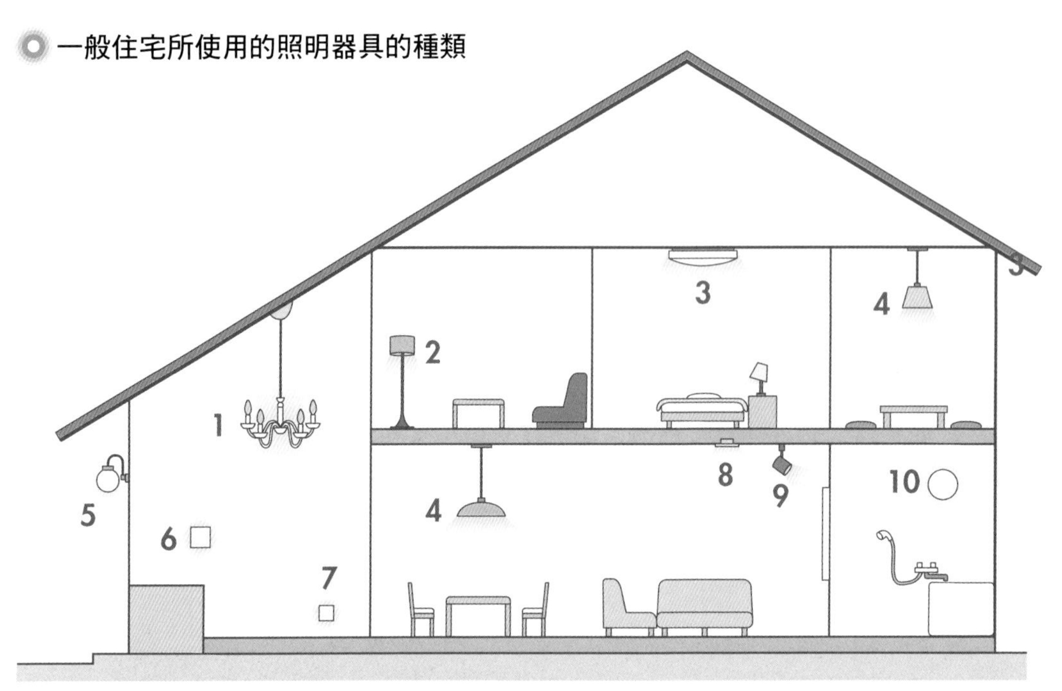

名稱	特徵	注意點
1 枝形吊燈	● 裝飾性的照明器具。 ● 代表性的使用案例是透天、天花板挑高的室內空間。 ● 光源會使用吊燈專用的白熱燈泡或氪燈泡等，可以發出閃爍光芒的類型，不適合使用整面發光的日光燈。最近LED燈開始出現像吊燈燈泡一樣以點狀發光的類型，供人進行替換。	● 大多擁有相當的體積與重量。 ● 裝設方式大分為直接裝在天花板，跟使用天花板鉤來吊上的簡易型兩種。器具重量過重的話，必須強化天花板的結構。 ① 使用天花板鉤的案例，可裝設的吊燈重量為5公斤以下。 ② 樑／吊帽／全螺紋螺絲／天花板／環扣／吊燈頭 直接裝設的案例。 吊燈重量超過5公斤的場合使用。

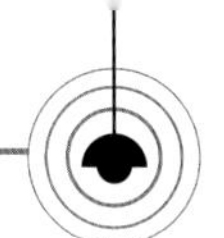

名稱	特徵	注意點
2 立燈 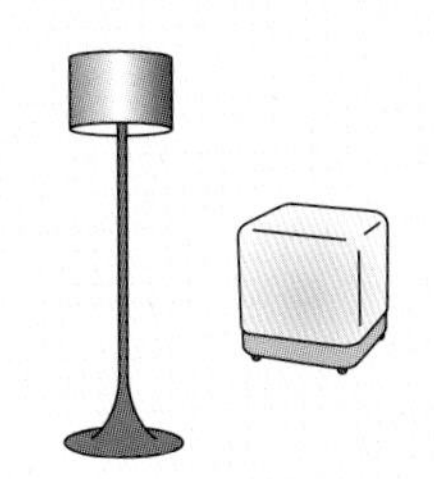	● 擺設型的照明器具。 ● 尺寸與造型有著豐富的款式，光源擴散的方式會隨著高度與燈罩的設計而變化。 ● 燈罩分成讓光透過的類型，以及把光遮住只讓上下產生亮光的類型。 ● 大多附有插頭，不用另外施工接電，擺設跟移動非常的簡單。	● 進行照明計劃時，必須注意擺設地點的附近是否有插座存在。
3 天花板燈 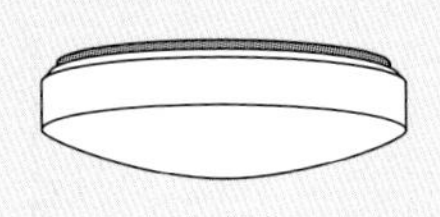	● 直接裝在天花板上，照亮整個室內的燈具。 ● 被許多住宅用來當作主要照明。 ● 光源大多使用環型日光燈，加上壓克力的燈罩使光擴散出去。 ● 會用牆上的開關或遙控器來使燈具開關。使用遙控器的類型可能具備無段式或階段性調光器。最近出現有可以調整出燈泡色或白色的LED燈。	● 在日本大多會用天花板鉤來裝上。必須用廠商的目錄來確認，天花板鉤與照明器具的底部是否相容。 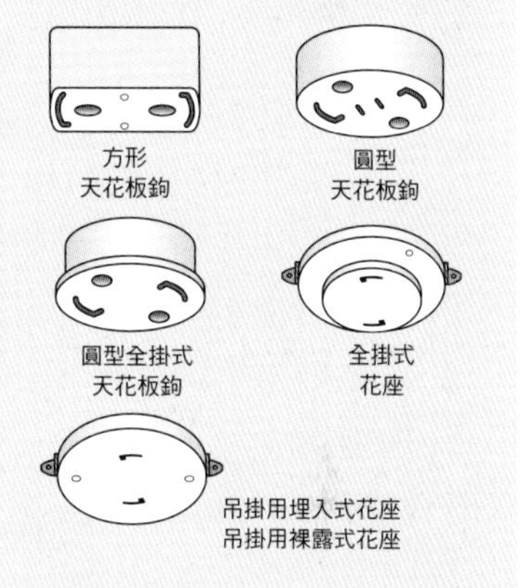
4 吊燈 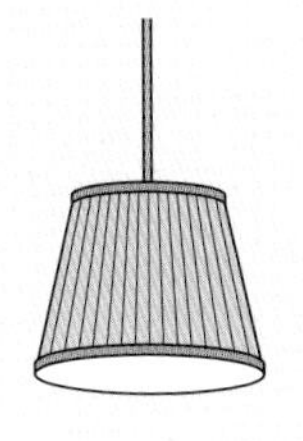	● 用纜繩或鎖鏈掛在天花板上的照明器具。 ● 有各種不同的大小跟造型，燈罩款式也非常多樣化。 ● 裝設方法以不須要電力工程的天花板鉤為主流，有些必須直接裝到天花板上，或是使用照明用溝槽。	● 使用天花板鉤的場合，必須注意燈具的重量。 ● 使用纜線的場合，為了支撐重量會加上墊條。 ● 使用照明用溝槽的場合，電源與開關的系統位於溝槽上，必須確認使用的照明器具是否相容。 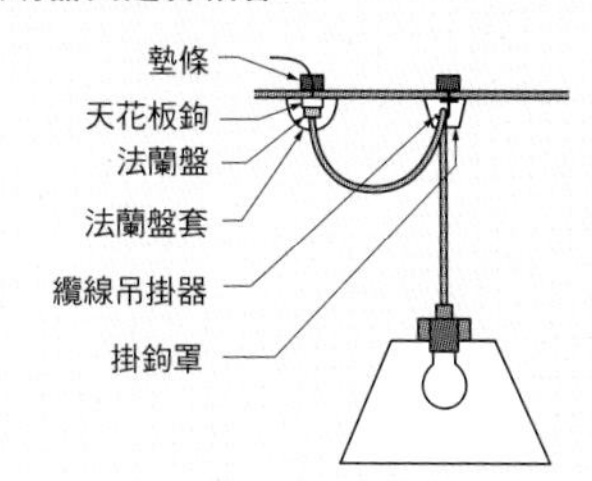

名稱	特徵	注意點
5 照度	●門柱燈、玄關外的落地燈或投射燈、庭園燈等等，有各種類型的燈具存在。 ●基本上會使用防雨型的照明器具。 ●在住宅的場合，可以使用裝有感測器的照明器具，來賦予夜間防盜燈的機能。 ●進行設計的時候，要同時考慮到視覺上的演出跟防盜等機能性。	●就算是防雨型，也無法用在有可能被水淹沒的地點，埋入地面的照明器具跟釘入式的投射燈，要避免設置在低窪地區。 ●室外的器具必須要有排水處理，並在施工時進行確認。 ●海岸以內500公尺為深度鹽害地區、2公里以內為鹽害地區，屋簷下落地燈的框架等金屬構造有可能會被腐蝕，必須多加注意。除了採用不鏽鋼製造之外，最好裝設在可以讓雨水將鹽洗刷掉的位置。 ●就算是防雨型，若是將牆壁的款式用在地面上，或是改變原本的使用方向，也會使防水性降低，必須多加注意才行。
6 托架燈	●裝在牆壁上的照明器具。 ●用來當作輔助性照明、走廊或樓梯的照明、間接性照明等等。	●為了避免在通過走廊與樓梯時撞到，或是搬東西時碰到，除了確認照明器具本身的長、寬尺寸之外，還必須確認裝設位置的高度與深度。
7 腳燈	●用來照亮腳邊的燈具。 ●在住宅的場合，大多當作長明燈(常夜燈)使用。 ●在寢室跟走廊可以裝上感測器來自動開關。 ●有些可以將發光的部分拿下，緊急時當作手電筒使用。	●一般的裝設高度為FL＋250～300公釐。 ●通常會用單用或雙用的開關盒來進行施工。 ●室外的場合大多會用專用盒埋到水泥之中，規格隨著照明器具而不同。 ●裝設在室外水泥之中的場合，有時會在開始施工的同時就將盒子埋入。事後想要變更燈具的種類，也可能與已經裝好的盒子不相容，必須多加注意才行。

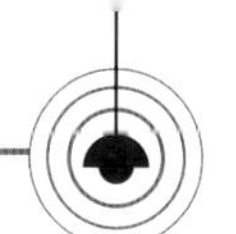

名稱	特徵	平均
8 落地燈 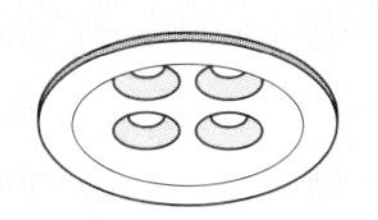	●埋在天花板內的照明器具。 ●白熱燈泡、日光燈、LED燈等等，有各種光源可以選擇。 ●整體照明、局部照明、可自由改變照射方向的Universal、照射牆壁的Wall Washer等等，可隨著用途選擇必要的類型。	●給住宅使用的場合，大多與E26或E17的燈座相容。燈具形狀較小的話，會以E17為基準，分成將光源垂直裝設(圖1)與橫向裝設(圖2)等兩種類型。 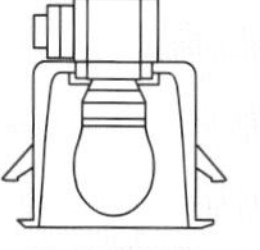 圖1垂直裝設  圖2 橫向裝設 ●必須配合天花板內側空間與天花板的隔熱施工，來選擇適當的燈具。 ●天花板的隔熱施工方式與對應的落地燈 ①Blowing工法：SB型 ②隔熱墊工法：SB型 ③熱阻6.6m^2・K／W以下的隔熱墊工法：SGI型 ④熱阻4.6m^2・K／W以下的隔熱墊工法：SG型 (詳細參閱21頁)
9 投射燈  栓型 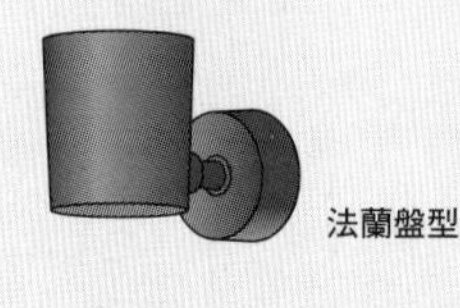 法蘭盤型	●用來集中照亮房間的某一部分。 ●分成裝設在照明用溝槽(線路槽)上的栓型，與直接裝在天花板或牆壁上的法蘭盤型。 ●栓型在施工之後，也能輕易調整數量跟位置。 ●法蘭盤型就美觀來看較為清爽。	●若是在同一條照明用溝槽裝設大量的栓型投射燈，一般住宅天花板的高度會讓照明器具變得相當顯眼，最好是1000公釐的溝槽最多裝設2～3具。 ●1條照明用溝槽所能裝設的投射燈的最高數量，取決於螺栓的總數。 ●若是將調光電路的開關系統裝在照明用溝槽上，則不可以將無法調光的照明器具裝在這條溝槽上。
10 浴室照明 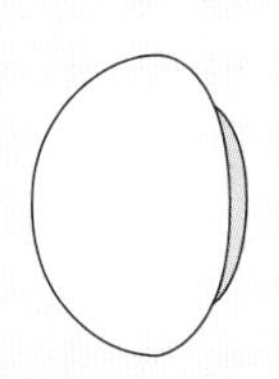	●必須可以承受水滴與濕度。 ●會用橡膠環將燈罩與燈具本體之間的縫隙密封起來。 ●有部分的間接照明存在，但絕大部分都是托架燈或落地燈。	●必須使用明確記載為防潮、防潮防雨型的燈具。 ●燈罩的材質最好是耐久性良好的聚碳酸酯。 ●使用壽命較長的燈具，可以減少燈罩開合的次數，防止密封性減弱。 ●使用LED燈的場合，為了防止故障，必須確認是否對應密封型的燈具。

照明周邊設備的相關用語

隨著設置場所與形狀的不同，照明器具已經有許多不同的種類存在。若是加上周邊產品的話，則可以有更為多元的使用方式。在此介紹一些代表性的照明周邊產品與它們的效果。

降低眩光的照明周邊產品

周邊產品	特徵、注意點	使用場所、使用案例
燈套   裝設例 KOIZUMI照明	● 裝在照明器具的外側，讓光源比較不容易被直接看到，降低眩光發生的機率。 ● 裝在廣角照明的燈具時會阻礙到光，只用在照射角比較狹窄的照明器具上。	● 客廳、飯廳、室外等等。 ● 照射牆上的繪畫等裝飾品時，用來防止眩光產生。 ● 在室外使用時，可以防止對鄰居或室內造成眩光
蜂巢狀遮板  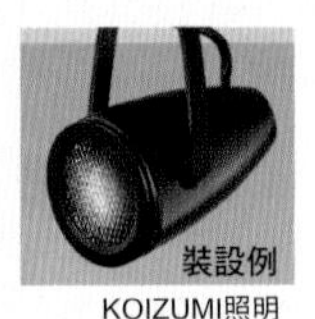 裝設例 KOIZUMI照明	● 裝在照明器具發光面的蜂巢狀金屬板，避免光源直接進入人的視野之中。 ● 主要用在投射燈上。 ● 裝上之後會降低些許的照度，設計時要連同這個部分一起規劃。	● 客廳、飯廳、室外等等。 ● 用投射燈來確保室內整體的照度時，若是燈具數量過多，會裝上蜂巢狀遮板來防止眩光發生。
環狀遮板  埋入地面之燈具的裝設例 YAMAGIWA	● 環狀的遮板，降低照明器具往斜側產生的眩光。	● 室外等。 ● 大多用在埋入地面的燈具上。
遮光罩  使用前  使用後 KOIZUMI照明	● 包住燈具，讓光源無法直接進入視界之中。 ● 抑制側面所產生的眩光。	● 主要用在氣體放電燈、大型的投射燈具等光源上。
遮光活葉   裝設例 KOIZUMI照明	● 4片活葉可以自由的調整，將多餘的光擋下。	● 透天的客廳等。 ● 在透天客廳使用照射天花板的燈具時，防止光源被下方看到。

改變配光與色溫的照明周邊產品

照度	特徵、注意點	使用場所、使用案例
擴散透鏡 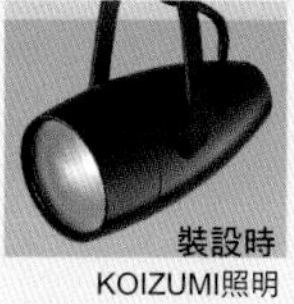 裝設時 KOIZUMI照明	●讓光擴散，使光線照射在地面或牆壁上的輪廓較為柔和。  平常時　使用擴散透鏡時 KOIZUMI照明	●客廳、走廊等等。 ●主要用在照設牆壁的落地燈或投射燈。
分光透鏡  裝設時 KOIZUMI照明	●讓光折射，形成橢圓形的照射面積。  平常時　使用分光透鏡時 KOIZUMI照明	●客廳、走廊等等。 ●牆上左右較長的繪畫所使用的投射燈或落地燈，用分光透鏡來擴大照射範圍，就不用裝設複數的照明器具。
修阻遮片  大光電機	●修正光所照射之範圍的器具。 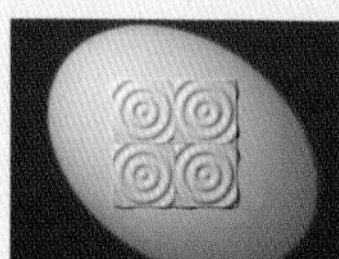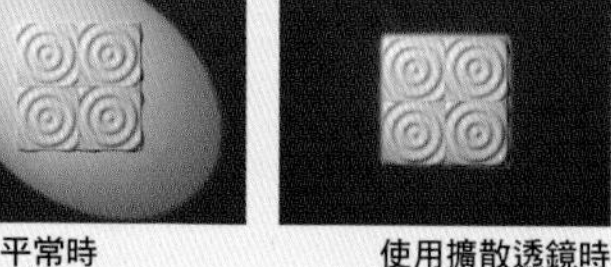 平常時　使用擴散透鏡時 大光電機	●客房、走廊等等。 ●牆上的繪畫等等，只想照射特定物體時使用。
彩色濾鏡  大光電機	●讓光的顏色產生變化的濾鏡。	●室外等地點。 ●用在室外的燈光效果、夜景的演出性照明上。
調色濾鏡	●用來改變色溫的濾鏡。 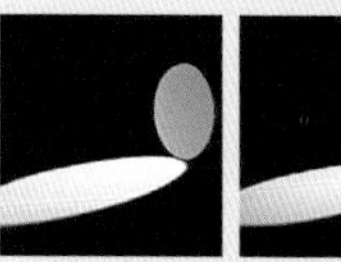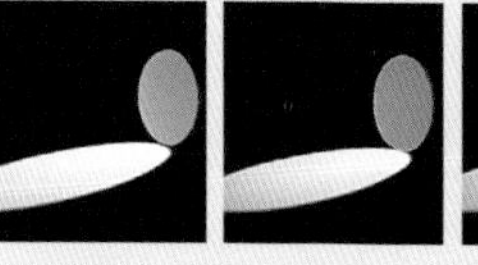 從左邊開始，從原本的2900K分別調整為3500K、4200K、5000K Panasonic	●客廳、走廊等等。 ●用在照射顯示器或繪畫的投射燈上。 ●就算照射的物體常常更換，也可以在不改變照明器具的狀況之下，配合對象來改變色溫。

光源

進行照明計劃時，理解光源(Lamp)的特徵是不可缺少的先決條件。光源可大分為兩種，透過熱能來發光的類型，跟透過電子的運動來發光的類型。在此對它們的區分跟種類進行說明。

15種光源之中主要使用的3種

若是進行細分的話，光源有多達15種類型(圖1)。其中與住宅的照明計劃有關的為白熱燈泡、日光燈、LED燈。

這3種光源分別有著獨自的特徵。日光燈與LED燈壽命較長、白熱燈泡演色性較佳、常常開關的場所不適合使用日光燈。瞭解這些特徵，可以在選擇時找出最為合適的照明器具。

用發光的機制來將光源分類

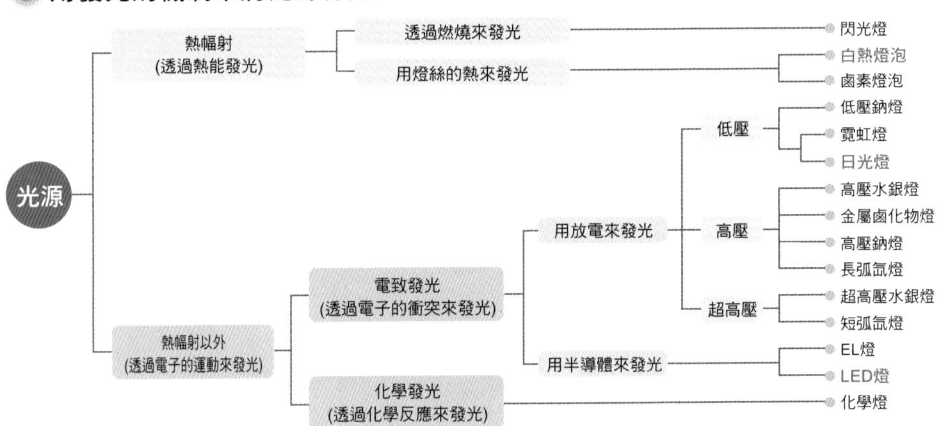

為了用在合適的場所，瞭解住宅照明所使用的光源種類跟特徵

光源	種類	光的質感、色調、演出效果	特徵	用途	電費	壽命
白熱燈泡	球型 氪燈泡 反射燈泡 鹵素杯燈	平均演色性評價：Ra100(※註1) ● 會形成陰影，而突顯出對象的質感與立體感。 ● 帶有紅色的光芒。 ● 光芒給人柔和與溫暖的感覺。 ● 帶來寧靜與沉穩的氣氛。 ※註1／演色性的詳細請參閱第006頁	● 忠實呈現物體的顏色。 ● 突顯出紅、黃等暖色系的顏色。 ● 亮起的速度快。 ● 光芒的殘留時間短，適合常常須要開燈、關燈的場所。 ● 跟調光器一起使用，可以順暢的調光。 ● 各種人工光源之中與自然光最為接近。	走廊、樓梯、廁所、室外、客廳、飯廳	偏高	1000～2000小時

光源	種類	光的質感、色調、演出效果	特徵	用途	電費	壽命
日光燈	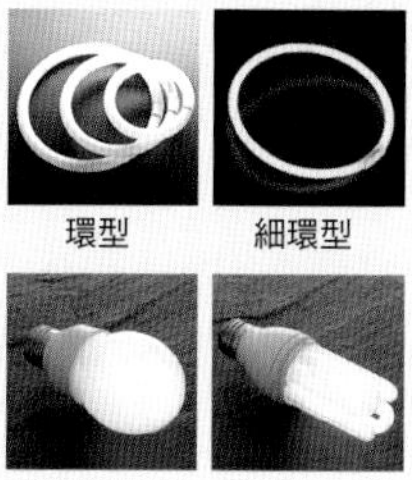 燈泡色 環型　細環型 燈泡型(A型)　燈泡型(D型)	 平均演色評價：Ra84 (隨著燈具款式變化) ●不容易產生影子。 ●稍微帶有紅色的光芒。 ●光芒給人柔和與溫暖的感覺。 ●帶來寧靜與沉穩的氣氛。	●與白熱燈泡同等的亮度，電費只要5分之1、壽命為8倍。 ●就算光源裸露也不大會感到刺眼。 ●有些類型按下開關之後，須要一些時間才會亮起。 ●反覆開關會減少光源的壽命。 ●是否可以調光，得看安定器的規格。 ●光芒容易擴散。 ●要有安定器才有辦法亮起，有些款式會直接裝設在內部。	客廳、飯廳、寢室、和室、室外	低廉	8000～12000小時
	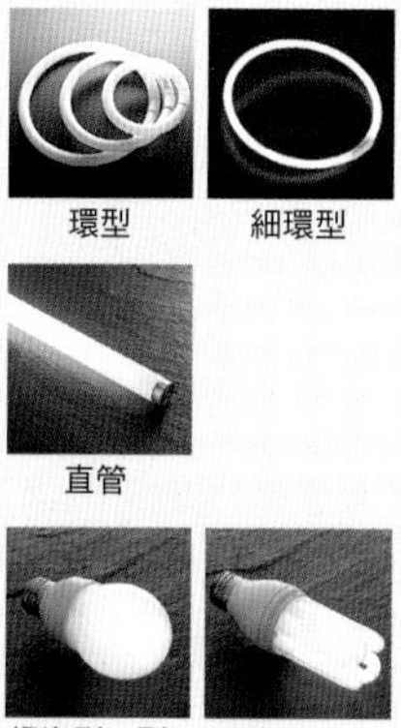 晝白色 環型　細環型 直管 燈泡型(A型)　燈泡型(D型)	 平均演色評價：Ra 84 (隨著燈具款式變化) ●不容易產生影子。 ●光的顏色蒼白，有如太陽光一般。 ●可以創造出爽朗且適合活動的氣氛。 ●最適合唸書或閱讀。		客廳、飯廳、孩童房間		
LED燈	 燈泡色 GX53燈座　燈泡型(E26／E17燈座)	 平均演色評價：Ra 70～80 (隨著燈具款式變化) ●稍微帶有紅色的光芒。 ●顏色給人柔和與溫暖的感覺。	●與白熱燈泡同等的亮光，電費約8分之1、壽命約40倍。 ●照射面所發出的熱量、紫外線、紅外線較少，適合用來照射容易受到這些物質影響的美術品或生物。 ●開關按下之後亮起的速度快。 ●壽命長，適合用在不容易維修的場所。 ●有些可以透過專用的調光器來進行調光。 ●容易受到熱跟濕氣的影響，必須充分注意散熱的問題。 ●容易形成較高的亮度，必須注意裝設方式與位置。	客廳、飯廳、寢室、和室、室外	低廉	40000小時
	 晝白色 GX53燈座　燈泡型(E26／E17燈座)	 平均演色評價：Ra 70～80 (隨著燈具款式變化) ●光的顏色蒼白，有如太陽光一般。 ●可以創造出爽朗且適合活動的氣氛。				

KOIZUMI照明

如何閱讀目錄

在進行照明計劃，選擇想要使用的照明器具時，會使用各製造商所印製的產品目錄。各個製造商的產品目錄之中所記載的都是同樣的情報。掌握基本的閱讀方式，可以從中選出最適合自己的照明器具。

理解目錄上的情報

選擇照明器具時，不光是燈具的基本情報，光的呈現方式、跟完成之後的建築是否搭配，也是必須確認的重要事項。另外，以產品目錄上的情報為基準，到製造商的展示間親身體驗一下實際的效果，可以讓照明計劃更加實際。

必須檢查的記載項目與注意點(以日本出售的商品為範本)

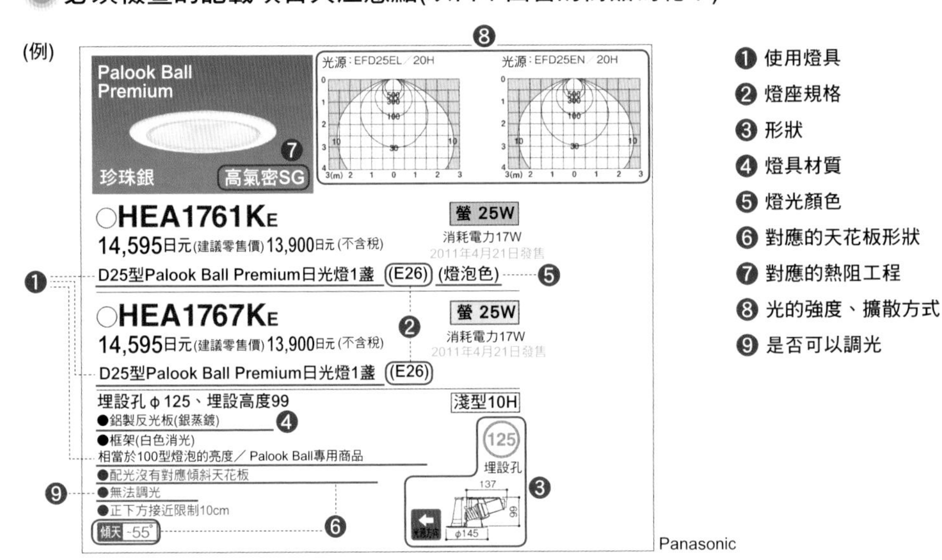

項目	注意點
❶ 使用燈具	就算燈座的規格相同，也會有白熱燈泡、日光燈、LED燈等各種不同的光源存在。要在此確認使用的是哪一種光源、是否適合自己的照明計劃。範例之中是Palook Ball(Panasonic的日光燈品牌)的專用商品，無法給白熱燈泡使用。
❷ 燈座規格	住宅的主流為E17、E27規格。為了避免規格不一，建議統一使用比較容易補充的E26，讓落地燈跟投射燈就算燈具不同也能使用同樣的光源。
❸ 形狀	天花板內側的空間若是比較狹窄，必須確認燈具高度找出較低的款式，並確認裝設場所是否適合燈具的大小。
❹ 燈具材質	就算外表看起來一樣，也有可能使用不同的材質。有些材質對於使用環境有所限制，挑選時必須多加注意。
❺ 燈光顏色	日光燈與LED燈的某些燈具，若是燈光顏色不同型號也有可能不一樣。

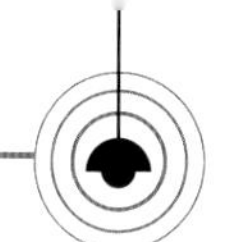

項目	注意點
❻ 對應的天花板形狀	裝設在天花板的器具，有普通跟傾斜天花板專用等兩種。若是將普通型裝在傾斜的天花板上，正下方有可能無法得到亮光，要多加注意才行 (參考右圖)。 例：落地燈的場合
❼ 對應的熱阻工程	隨著天花板隔熱施工方法的不同，可以使用的形狀也不一樣 (表1)。
❽ 光的強度、擴散方式	直接水平面照度分佈的資訊，詳細內容參閱下方圖1。
❾ 是否可以調光	隨著光源的種類分成可調光與不可調光。特別是LED燈無法用外表判斷，要多加注意才行。

表1 隨著隔熱材料與地區的變化，落地燈所能對應的隔熱工程

種類		對應的隔熱工程等
S型 隔熱施工用 不用切割天花板的隔熱材就能裝設的類型。節能性佳、施工方便。	SB型	不用特別去將隔熱材切割，燈具也不會產生過熱的現象。另外也能對應隔熱墊施工法、Blowing工法。
	SGI型	可以用在包含地區 I (北海道)在內的熱阻6.6m^2・K／W以下的隔熱墊施工的天花板。用Blowing工法來隔熱的天花板無法使用。
	SG型	適用於地區 I (北海道)以外的鋼筋水泥結構的住宅，以及熱阻4.6m^2・K／W以下的隔熱墊施工的天花板。地區 I 的牆壁施工、鋼芯木造、框架式住宅、Blowing工法的天花板無法使用。
M型 一般用 燈具產生過熱的現象，必須將隔熱材切割才能裝設。		隔熱墊施工法、Blowing工法都無法使用。裝設時必須將隔熱材切割，讓燈具跟隔熱材之間可以空出一定的空間。

Odelic

圖1 如何讀取直接水平面照度分佈圖的資訊

各種燈具跟光源發出光芒的方式稱為配光，目錄上所記載的配光資訊的其中之一，就是這個直接水平面照度分佈圖。透過這張圖來掌握光的擴散範圍，可以更為精準的決定燈具款式跟使用間隔。

中間代表光源，可以瞭解距離光源1～5公尺的各個距離所能得到的照度。在這個圖中，光源正下方5公尺的照度為10勒克斯。

代表1／2照度角的虛線，以光源的正下方為基準時，照度減少為2分之1的位置。在這張圖內，光源正下方5公尺往外3.2公尺的地點，照度會降低到5勒克斯，光源正下方3公尺往外2公尺的距離，照度為10勒克斯。

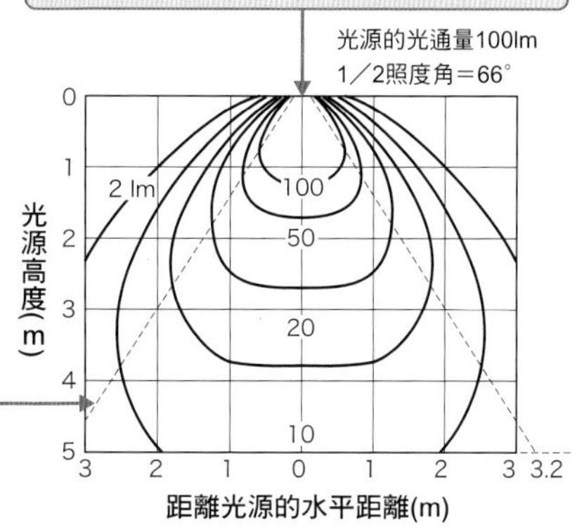

照明器具的種類與使用方法

在第12頁我們介紹了照明器具的種類，在此將連同使用方法在內，做更進一步的介紹。掌握各種照明器具的具體特徵以及它們所能呈現的照明空間，可以讓照明計劃更為周詳。

落地燈

落地燈是極為普遍的住宅照明器具，因此種類也不在少數。必須掌握它的基本構造與特徵、光的視覺效果，來選出符合自己目的的款式。落地燈可大分為將整個空間照亮的整體照明，跟只將特定部位照亮的局部照明。

落地燈的基本構造

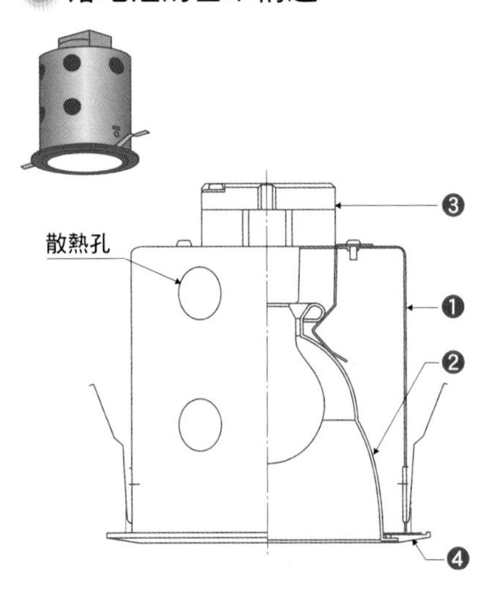

❶本體
- 會在適當的部分開孔，讓光源所發出來的熱可以散發出去。
- 對應隔熱施工的燈具會設計成沒有必要讓熱散發出去，因此本體的構造有所差異。

❷反射板
- 用白熱燈泡或日光燈當作光源的場合，反射板可以讓光有效的往下照射
- 就算是瓦數相同的光源，也會隨著反射板性能上的差異，讓照射面的亮度出現變化，必須確認產品目錄上的配光資訊。

❸電源端子
- 連接電源用的端子台。
- 除了直接與100V的電線相連，有些照明器具還須要變壓器或安定器。

❹邊框
- 從下方所能看到的外框。
- 有鋁、塑膠、木紋質感等等。
- 在選擇的時候，必須確認邊框的顏色與天花板完工之後的顏色。

整體照明用的落地燈的視覺效果與特徵

種類	視覺效果	規格圖例	特徵
附帶反射板的縱向插入型		148 φ145	●以垂直的角度將光源裝上的類型。 ●大多用在整體照明上。 ●隨著燈具種類的不同，可能須要相當的深度，必須確認尺寸與天花板內側是否有足夠的空間。 ●代表性的光源有燈泡型日光燈、氪燈泡、LED燈等等。
附帶反射板的斜向插入型		109 81 φ145	●以斜的角度將光源插入的類型。 ●燈具直徑與深度都比較小，天花板內側空間有限的時候也能使用。 ●以使用迷你氪燈泡、燈泡型日光燈的E17型燈具為主流。

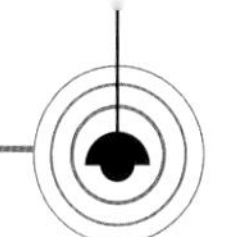

種類	視覺效果	規格圖例	特徵
附帶反射鏡的光源用		200 / 129 / φ116	●反射燈泡或鹵素杯燈等等，給已經裝有反射鏡的光源使用。 ●配光主要是受到光源的影響，同樣的燈具也能選擇狹角或廣角。 ●燈具一方沒有反射板存在，直徑也比較小。
無眩光型		228 / 155 / φ116	●光源的位置高於反射板，從下往上看的時候光源會被反射版遮住，讓人無法直接看到。 ●可以一邊將眩目的感覺降到最低，一邊讓充分的光芒抵達地面。 ●使用的代表性光源有鹵素杯燈、LED燈等等。
擋板型		109 / 84 / φ145	●燈具內部的反射板有溝槽存在，讓光擴散來降低眩光。 ●可以呈現出感覺較為柔和的燈光。 ●使用同樣光源的場合，正下方的照度比反射板型的燈具要低。 ●使用的代表性光源有白熱燈泡、燈泡型日光燈、LED燈等等。
附帶下方燈罩 ※註1		148 / φ165	●在燈具下方附帶有燈罩的類型。 ●屋簷下方、浴室等等，會用在有水的環境之中。 ●燈罩的材質為玻璃等等，有透明跟乳白色等類型，乳白色的場合會使正下方的照度降低。 ●使用的代表性光源有氪燈泡、燈泡型日光燈等等。
傾斜天花板用的落地燈		115 / 104 / φ143	●就算裝在傾斜的天花板上，也能垂直的將光芒照射到地面。 ●使用的代表性光源有氪燈泡、燈泡型日光燈等等。
天花板落地燈		0.4kg / 66.7 / 83.5 / 90 / φ140	●把燈具直接裝到天花板上。 ●天花板內側沒有空間、完工手法為清水混凝土等等，無法將落地燈埋到天花板內部的時候使用。 ●使用的代表性光源有氪燈泡、燈泡型日光燈等等。

※註1／照片為室外用的燈具。

Panasonic

局部照明用的落地燈的視覺效果與特徵

種類	視覺效果	規格圖例	照度
Universal型落地燈 	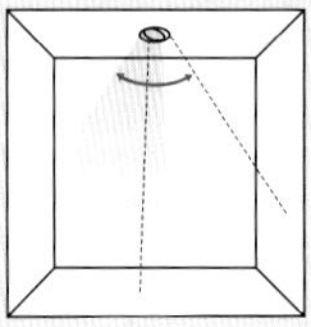	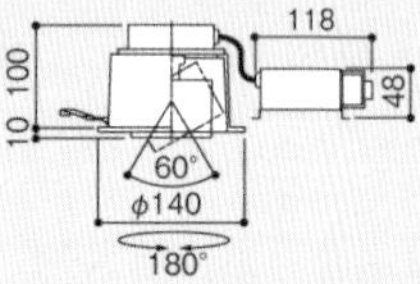 118 / 100 / 10 / 48 / 60° / φ140 / 180°	● 照射方向可以轉動。 ● 在轉動的時候，燈具會從天花板表面稍微凸出。 ● 使用的代表性光源有氪燈泡、鹵素杯燈、反射燈泡、LED燈。
可調整型落地燈  ※註1	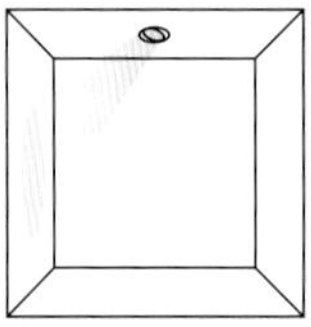	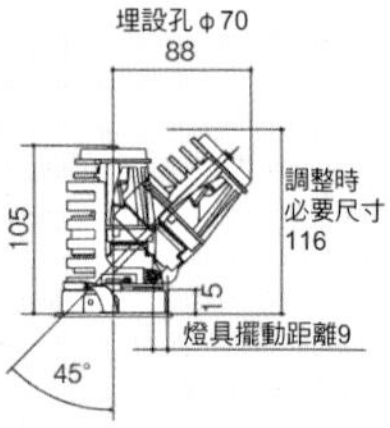 埋設孔φ70 / 88 / 105 / 調整時必要尺寸116 / 15 / 燈具擺動距離9 / 45°	● 可以擺動約30度的範圍。 ● 燈具內部可以改變角度，不用凸出到天花板的表面上。 ● 光源位於燈具較深的位置，不適合用在廣角照明上。 ● 燈具尺寸較高，必須確認天花板內側是否有足夠的空間。 ● 使用的代表性光源有氪燈泡、鹵素杯燈、反射燈泡、LED燈。
投射型落地燈 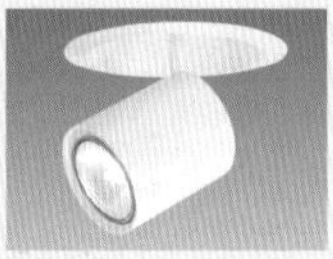 ※註1	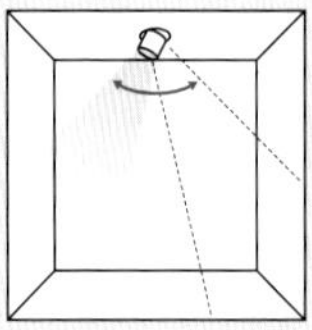	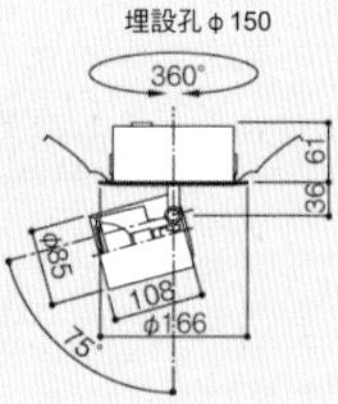 埋設孔φ150 / 360° / 61 / 36 / φ85 / 108 / φ166 / 75	● 可以將燈體的部分拉到表面，調整照射方向。 ● 有些款式的轉動範圍高達90度。 ● 使用的代表性光源有氪燈泡、鹵素杯燈、反射燈泡、LED燈。
Wall Washer型落地燈 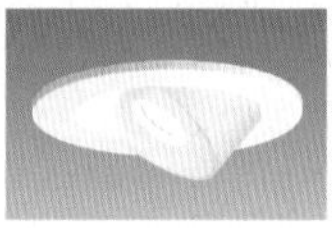	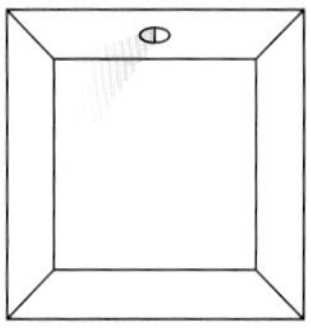	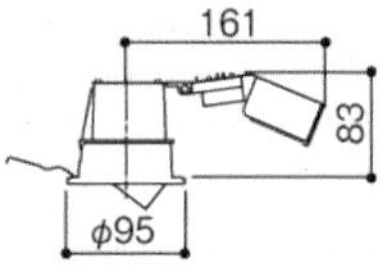 161 / 83 / φ95	● 大多用來照射牆壁或牆上的繪畫等裝飾品。 ● 使用的代表性光源有燈泡型日光燈、氪燈泡、LED燈。
壁龕、壁櫃用 	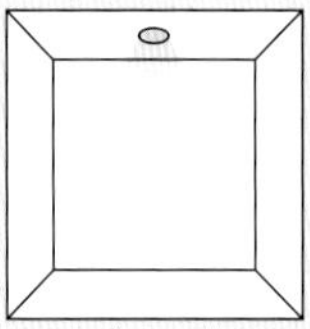	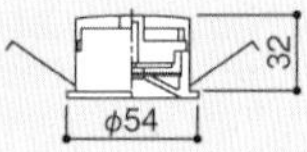 32 / φ54	● 牆壁上的凹陷(Niche)或櫃子內部等等，適合頂部那面沒有什麼厚度的位置。 ● 某些款式的燈具必須使用變壓器。 ● 使用的代表性光源有鹵素燈泡、LED燈。
乒乓球落地燈 	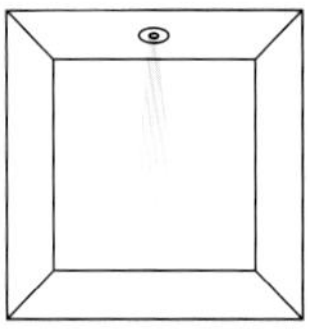	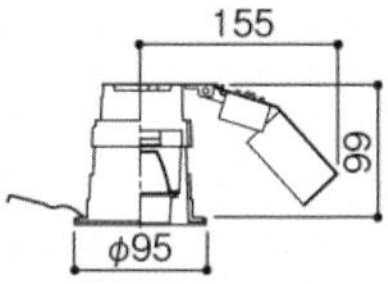 155 / 99 / φ95	● 下方裝有只在中央開孔的遮罩，有如聚光燈一樣只照亮狹小的範圍。 ● 無法直接看到光源，因此也有降低眩光的效果。 ● 使用的代表性光源有鹵素杯燈、LED燈。

※註1／照片中的燈具是隔熱施工無法使用的類型。

Panasonic

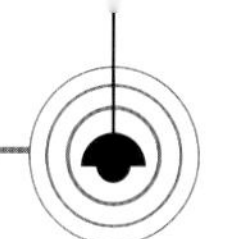

埋入式照明

從下方照射牆壁等位置，為空間照明的演出增添幾分色彩的地板埋入式照明。雖然室內、室外都會使用，但某些款式有負荷上的限制，必須事先確認裝設之後的使用環境。

有些埋入式照明可以用在牆壁上，住宅所使用的埋入式照明主要為腳燈。建築物若是採用水泥建造，必須事先將埋入式燈具的盒子裝好，要跟鋼筋結構圖搭配來進行照明設計。

埋入式照明的種類與特徵

種類		用途與特徵	注意點
地板埋入式(室內用)	地板燈 Odelic	● 從地面照亮牆壁或柱子，可以形成非日常性的氣氛。 ● 如果加上乳白的燈罩，或是可以調整照射角度的款式，則比較不容易給人刺眼的感覺。 ● 室內用的燈具無法防水，因此不能用在可能會濕掉的玄關等地點。	● 若是裝在可以直接用手觸摸的場所，必須使用具有防止燙傷之設計的燈具，或是光源發熱較少的LED燈、日光燈。
地面埋入式(室外用)	標示性照明 山田照明	● 並非用來照亮樹木等特定的對象，而是以點綴空間、標示路徑為目的。 ● 色彩變化豐富的LED燈，可以讓燈光的顏色也成為點綴的一部分。	● 照射面的玻璃若是被雨淋濕的話，有可能會讓人滑倒，必須進行防滑加工。 ● 就算是可以讓車輛行走在上面的款式(負荷3噸以下)，也有禁止將車停在上面等使用限制存在，請務必事先確認使用狀況來進行挑選。
	Light Up用 山田照明	● 照亮建築物或樹木時所使用的照明。 ● 部分款式可以加裝遮光罩或遮板等周邊設備（周邊設備請參閱16～17頁）。 ● 無法調整角度，必須事先檢討裝設位置是否能確實照到想要照亮的物體。	
	可調整型 山田照明	● 可以調整角度。 ● 可調整的角度會隨著燈具種類而不同，必須事先檢討裝設位置是否能確實照到想要照亮的物體。	
牆壁埋入式	腳燈(室內用) Odelic	● 裝在走廊或樓梯等地點，讓地面的高低差可以清楚被看到，或是照射地板來確保腳邊的光線。	● 若是要裝在鋼筋水泥的牆壁上，必須事先將埋入式燈具所使用的盒子裝好才行。
	腳燈(室外用) 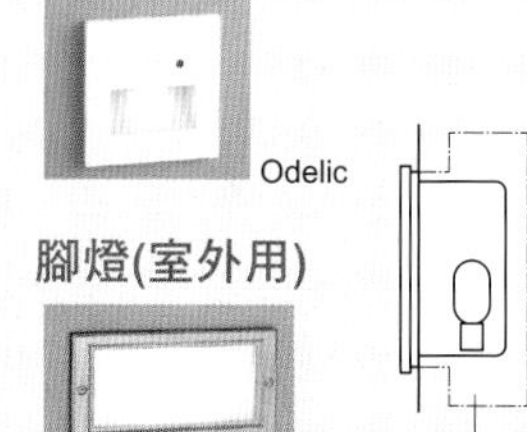 Odelic 埋入牆壁用的盒子	● 用在樓梯或從門到玄關的通道上。 ● 也有裝上乳白色燈罩或遮板(參閱16頁)的款式存在。 ● 想要照亮腳邊又不想讓燈具的存在感太過強烈的時候，可以使用附帶遮板的款式。	

※插圖為一般使用的款式，與照片中的燈具並不相同。

投射燈

投射燈在內側沒有足夠空間的天花板也能裝設，在裝好之後也能改變照射的方向，是使用起來非常方便的照明器具之一。

較為一般的款式，有15頁所介紹的裝在天花板的法蘭盤型，以及裝在照明用溝槽上的栓型投射燈。栓型有附帶變壓器的款式存在。裝在同一條溝槽上的燈具，會使用同一組開關電路。除了這兩種款式之外，半埋入型跟戶外用的釘入式投射燈，也都可以活用在住宅照明上。

投射燈的種類與特徵

種類	特徵	裝設地點	主要使用的光源
法蘭盤型	●看不到電線，可以讓天花板表面維持清爽。	●牆壁、地面、天花板等等，任何地點都可以裝設。 ●也可用在室外。	●彩色濾光燈泡、氪燈泡、反射燈泡、燈泡型日光燈、LED燈
栓型 附帶變壓器	●無須額外的電路工程就可增加燈具數量。	●基本上會裝在天花板。 ●若是裝在牆壁上，必須附有線槽蓋，且位於人手無法輕鬆觸摸到的高度(1800公釐以上)。	●彩色濾光燈泡、氪燈泡、反射燈泡、燈泡型日光燈、LED燈
半埋入型	●將法蘭盤的部分埋到天花板內，讓外表更加清爽。	●只能裝在天花板上，必須要有埋設用的開孔。	●低伏特鹵素燈泡
釘入式	●移動跟調整非常的簡單，一般會連接到5公尺長的附帶接地的插頭上。	●室外用投射燈的一種。 ●使用時會插到地面來進行固定。	●鹵素杯燈、氪燈泡、反射燈泡、燈泡型日光燈、LED燈

maxray

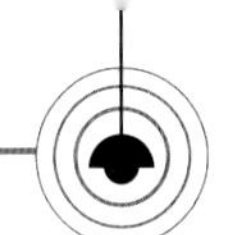

按照燈具的種類來選擇配線槽

種類	特徵	可使用的燈具
100V用	●最為一般的配線槽	●100V用的燈具 ●低伏特(12V)用、高強度氣體放電燈、裝設部位跟降壓器或安定器一體成型的款式。
低伏特(12V)用	●裝設部位沒有降壓器，外表感覺清爽。 ●跟100V相比線槽較細。 ●沒有專用的線槽蓋，無法裝在牆上。 ●必須在天花板內設置變壓器。	●低伏特(12V)用的燈具
高重量用	●燈具重量比較高的場合，無法裝在牆壁上使用。 ●使用時必須強化天花板的基本面。	●除了投射燈之外，還有日光燈等大型基本照明
雙電路用	●用1條配線槽來控制2個電路的開跟關(一般為1條1個電路)。 ●沒有專用的線槽蓋，無法裝在牆上。	●主要給美術館等雙電路軌道的投射燈使用。

配線槽的設置方法會隨著完工材料與呈現方式而改變

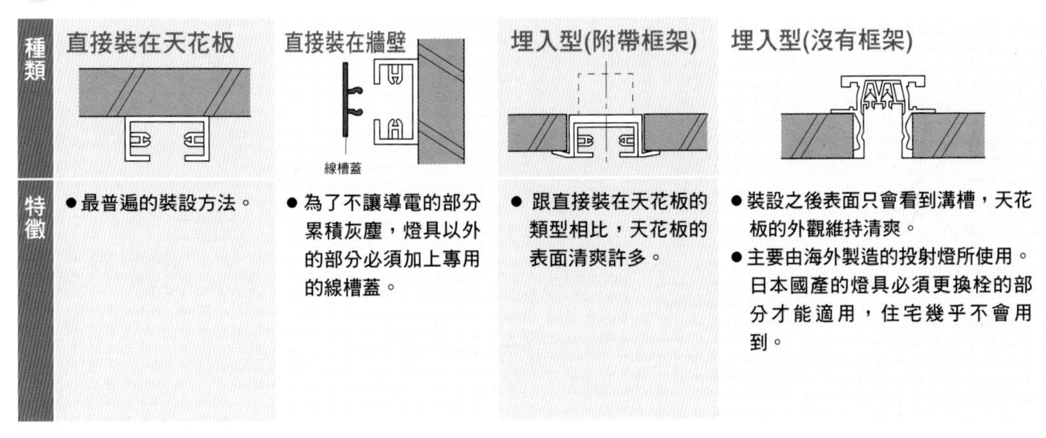

種類	直接裝在天花板	直接裝在牆壁	埋入型(附帶框架)	埋入型(沒有框架)
特徵	●最普遍的裝設方法。	●為了不讓導電的部分累積灰塵，燈具以外的部分必須加上專用的線槽蓋。	●跟直接裝在天花板的類型相比，天花板的表面清爽許多。	●裝設之後表面只會看到溝槽，天花板的外觀維持清爽。 ●主要由海外製造的投射燈所使用。日本國產的燈具必須更換栓的部分才能適用，住宅幾乎不會用到。

法蘭盤型裝設時的注意點

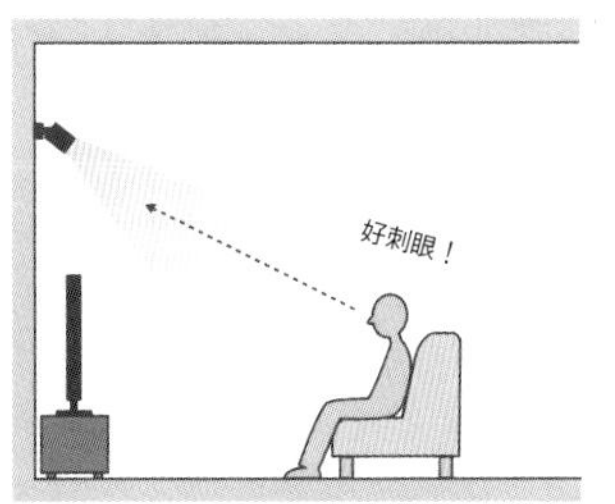

要注意電視與沙發的位置

注意家具的高度跟位置

- 在設計階段就決定好裝設的位置跟數量。
- 考慮到裝設環境的用途跟家具的擺設方式。

吊燈

吊燈大多用在飯廳餐桌上方等，某種程度已經決定要怎麼使用的場所。利用燈具的形狀跟配光的不同，可以讓照明計劃更加完善。另外，吊在透天等天花板較高的地點，除了可以讓人意識到天花板的高度之外，維修起來也會比較方便，不論設計還是機能都擁有相當的優勢。關於將吊燈用在天花板較高的地點時的裝設技巧，將在第3章的59頁進行介紹。

4種不同的吊燈裝設法

種類	法蘭盤型（天花板鉤）	法蘭盤型（直接裝設）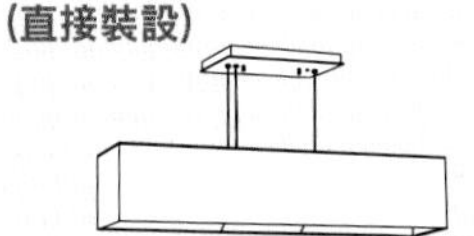	配線槽型	半埋入型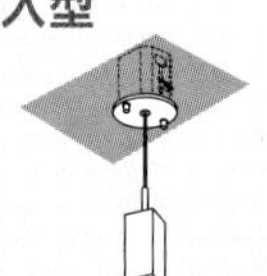
特徵	●小型燈具較多。 ●一般人也能進行裝設。 ●想要讓法蘭盤的裝設位置跟照明器具的吊掛位置錯開時，可以用纜線吊掛器（參閱13頁、29頁）來進行調整。	●必須由擁有電氣工程之證照的人員來進行裝設。	●因為裝設配線槽的關係，位置調整起來比較容易。 ●開關系統會依附在配線槽上。 ●將其他照明器具裝設在同一條配線槽上的話，將一起進行開關。	●須要變壓器的12伏特燈具，為了將變壓器裝在天花板內側，有時會採用半埋入式的構造。
裝設場所	●飯廳餐桌上方等…	●飯廳餐桌上方等…	●客廳、餐廳等…	●客廳等…
主要使用的光源	●白熱燈泡、燈泡型日光燈、環型日光燈等…	●白熱燈泡、燈泡型日光燈、直管型日光燈等…	●迷你氪燈泡、LED燈泡、燈泡型日光燈等…	●12V鹵素燈泡

用配光來看各種吊燈

種類	全方位擴散型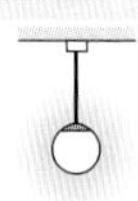	遮光型燈罩	透過型燈罩	直線型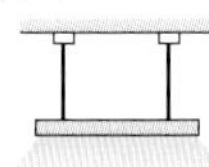
照度	●用球型玻璃燈罩讓光擴散到每一個方向。 ●發光面積大、刺眼的感覺較低。	●光只會往下方照射。 ●天花板會比較暗，可以跟上方照明或間接照明組合使用。	●燈罩部分也會讓光通過，與全方位相似。 ●光往下方強力照射。	●分成只照射下方，跟上下都進行照射等兩種類型。 ●燈具細長，可以給人清爽的印象。
裝設場所	●客廳、飯廳、和室等各個起居用的空間	●飯廳餐桌上方等…	●飯廳餐桌上方等…	●飯廳餐桌上方、作業桌上方等…
主要使用的光源	●白熱燈泡、燈泡型日光燈等…	●迷你氪燈泡、燈泡型日光燈、LED燈、鹵素杯燈等……	●白熱燈泡、燈泡型日光燈等…	●直管型日光燈、直線型LED燈等…

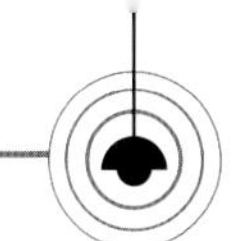

吊燈所使用的各種周邊產品與其特徵

	傾斜天花板用的法蘭盤	纜線吊掛器	纜線調節器	配線槽用的天花板鉤	吊燈調節器
種類			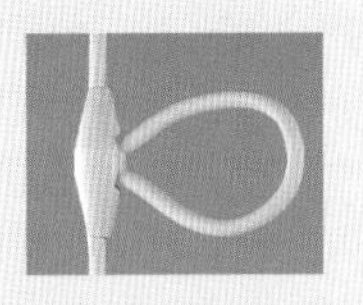	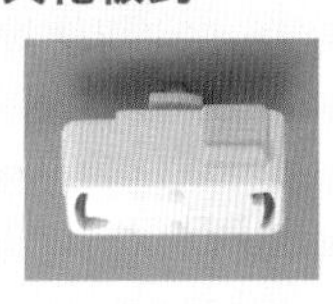	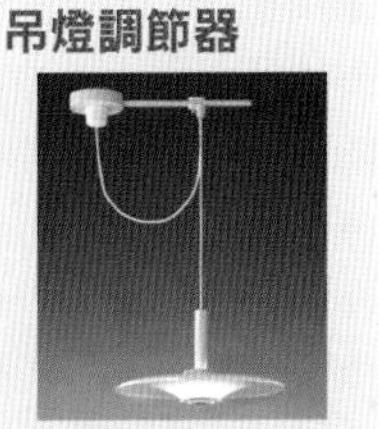
特徵	● 可以將對應天花板鉤的吊燈裝在傾斜的天花板上。	● 想要改變電源位置、吊掛的位置，或是調整吊燈高度時使用。 ● 使用方法請參閱第13頁。	● 裝在吊燈纜線中間，用來調整吊燈的高度。	● 配線槽栓與天花板鉤的轉換頭。	● 可以不用在天花板另外開孔，來改變吊燈的位置。

KOIZUMI照明

天花板照明

發光面積大、不容易形成明確陰影的天花板照明，是整體照明常會使用的燈具之一，有些款式可以用遙控器開關或進行調光。

用房間的大小來決定燈具尺寸

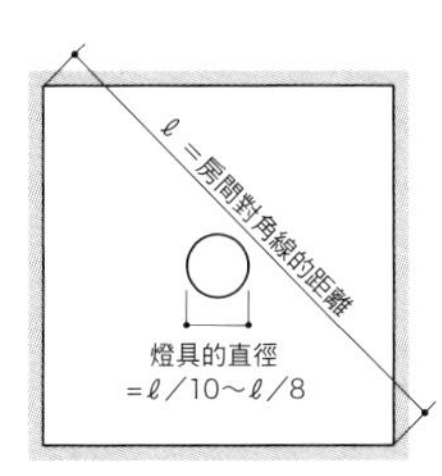

燈具尺寸若是過大，會讓空間的感覺失去平衡。可以用房間對角線之長度的10分之1到8分之1，當作天花板照明的基準。

就算只有天花板照明，生活起居也不會有什麼問題，但是跟吊燈、立燈一起使用，可以讓手邊也維持充分的亮度。

用不同的裝設零件，來對應不同規格的照明器具

	方形天花板鉤	圓型天花板鉤	全掛式花座	吊掛用埋入式花座	附帶插座的吊掛用埋入式花座
種類	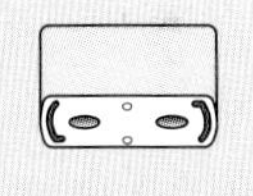		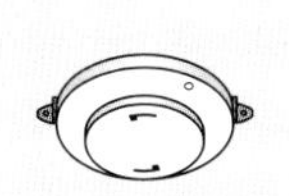	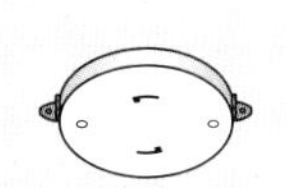	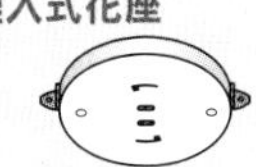
特徵	● 適合用來裝設吊燈等比較輕的燈具 ● 插入之後轉動一下就能安裝完成，使用起來非常的簡單。		● 兩側有金屬固定的類型。 ● 不用在天花板開小螺絲孔，也能確實的將照明器具固定。 ● 裝設吊燈的場合，兩側的金屬有可能收不進法蘭盤內，必須事先確認才行。		

壁燈

壁燈主要用在挑高空間當作往上的照明，或是用在走廊、樓梯之處來確保充分的亮度，依照配光的種類來分開使用。配光分成燈具整體發光的全方位配光、只有上下發出光芒的上下配光、只有上下其中一邊發出光芒的單側配光等等。另外，燈罩的材質跟透光度會影響光芒的擴散方式，必須按照場所跟用途來進行選擇。

以配光方式來看壁燈的種類

種類	全方位擴散型	上方配光型 	下方配光型 	上下配光型 
特徵	●用玻璃或聚碳酸酯等透光性的燈罩，讓光擴散到整個方向。	●只讓光往上方照射。 ●有些燈具的構造會讓光芒無法從下方看到，形成與間接照明類似的效果。	●只讓光往下方照射。	●上、下兩個方向都有光芒照射。 ●一般會讓光源無法被直接看到。
裝設場所	●客廳、洗臉台、玄關等…	●透天的客廳等，想要突顯出天花板高度的地點	●天花板較低的走廊或寢室等…	●天花板較高的玄關、客廳、寢室等…

遠藤照明

立燈

立燈有直接放在地面的地面型，跟放在桌上使用的桌上型等不同的款式。兩者都跟吊燈或壁燈一樣，隨著燈罩的造型與透光性的不同，光芒的擴散與呈現方式也會產生變化。開關大多位於燈具本身與插頭之間，有些款式也具備調光機能。

以配光方式來看立燈的種類

種類	全方位擴散型	直接型 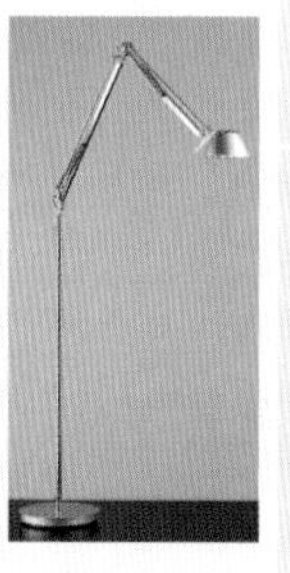	半直接型	間接型
特徵	●光芒往全方位擴散。	●透過可動式的燈架來移動光源	●兼具全方位擴散型與直接型的特徵，照亮手邊的同時也讓整體室內得到光芒。 ●適合與透光性較高的燈罩搭配使用。	●照射的牆壁或天花板為白色的場合，可以讓光擴散到整個室內。但如果牆壁具有光澤的話，會讓光源顯得特別突兀，要多加注意才行。
用法	●在燈具高度較低的場合，可以在低處形成明亮的感覺，創造出沉穩的空間。	●設置在沙發旁邊等等，為手邊提供亮光。 ●直接型的立燈無法照亮天花板，必須跟其他燈具搭配使用。	●用落地燈來當作整體照明的場合，天花板整體會比較暗，加上半直接型的立燈可以取得均衡。	●放在地面來照射天花板或牆壁，提供間接性的光源。 ●不適合用來照亮手邊等作業範圍。

大光電機

Part 2

住宅照明的設計流程

意匠設計師的照明計劃

照明設計，必須根據各個房間的使用方式、家具的位置、完工材料的顏色跟種類、是否有高齡者使用等實際生活情報為基準來進行。在此用意匠設計事務所的實際案例，來介紹照明計劃的流程。

意匠設計師進行照明設計的流程

在基本設計、估價概算的階段並不會製作電氣設備圖，大多只是透過口頭描述，然後在施作圖面、詳細估價的時候，才將詳細的位置跟款式型號記載於圖面上。

從基本設計到交屋為止

1 基本設計

製作基本圖面的時候，要聽客戶述說各個房間的使用目的跟照明的喜好，並確認家具大致上的擺設位置。聽客戶述說時必須注意的檢查項目請參閱第34頁。

從投射燈、落地燈、吊燈、壁燈等照明器具之中，選出各個房間的主要照明。

2 估價的概算

還不會提出燈具列表或電氣設備圖等圖面資料，一般會計算出隨著規模變化的估價內容，或是用文字來描述與照明相關的情報。對於施工的承包商則主要是提出以下的內容。

- **各個房間的主要照明方式並確認家具大致上的擺設位置。**
- **一般會委託承包商對他們估價計劃之中的相關商品的價位、數量進行估算**
  ①插座與開關
  ②照明器具
  ③除了配電盤之外，還有住宅所須要的電氣設備等
- **若是客戶有要求特殊的燈具或配線計劃，則一併將主旨記載於內**

以上會由施工的承包商以「一式」、(一套) 的記載方式在估價概算書之中提出。

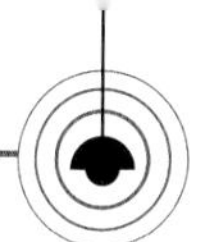

3 實施計劃

這個階段將決定照明器具、開關、插座的位置、產品內容，並具體的記載於圖面上。一般記載於電氣設備圖的資訊為以下3點。

- **特別記載之規格**

  對該建築進行估價時的基準

- **照明器具外觀列表**

  將電氣設備圖所記載之照明器具的情報製作成表格，同時附上照片，可以讓客戶跟承包商更容易取得共識。

- **電氣設備圖**

  電氣設備圖是畫有照明器具、開關、插座等位置的圖面。照明的場合，會用線將開關跟控制的燈具連在一起，讓人確認實際的運作狀況。

4 詳細估價

與施作計劃的圖面一起，由施工承包商所進行的估價內容。在木造住宅的等級，許多承包商會以「一套」的方式來提出，因此也能以刪減金額為前提，請他們提出可以瞭解詳細內容的估價書。對估價進行調整之後，決定內容與金額。

5 工程動工 施工中

若是因為客戶的委託讓詳細估價內容產生變化，必須請承包商對這個部分進行估價，並確認工期是否出現變化。之後請客戶確認金額，若是工期必須延長也一併進行確認，同意之後才進行施工。要是沒有請客戶確認，極有可能在日後造成問題。施工中會按照42頁、44頁來確認機械的種類與裝設地點。

6 完工、繳納

繳納之前的完工檢查作業，會確認完工後的機種、數量、位置是否跟設計圖或中途變更部分的內容相符。另外也要確認照明器具的開關與調光等各種機能。亮度給人的感覺，會隨著牆壁跟天花板完工之後的色澤變化，必須跟客戶一起進行確認。亮度的調整會以光源的瓦數為單位來進行。要是太暗的話，在可能的範圍之內加裝燈具，隨著房間的造型，也可以用立燈來進行調整。

1 基本設計

基本設計時，用聽取客戶意見的檢查表來確認居住上的各種細節

設計時會製作電氣設備圖，不過在這之前，必須先跟客戶確認某些事項。透過這些內容，我們可以清楚認識到客戶的居住方式，並瞭解客戶對於照明的認識，以避免重大的誤會。

項　目	目的	內容
家中成員	掌握必要的照度	□家中成員 確認家中成員的年齡等資訊
興趣、嗜好	掌握生活模式	□家族的興趣跟喜好 客戶覺得舒適的場所、抱持憧憬的場所等等，找出可以得到共識的具體案例
用途	檢討適合建築整體用途的照明、照度	□確認有哪些部份必須迎接訪客 迎接訪客的部分可以準備與其他地方不同氣氛的照明等等
各個房間的用途	檢討適合各個房間的照明與照度	□房間名稱 □飲食、烹飪　□閱讀　□團聚　□進修　□工作　□娛樂 □其他 聽取各個房間具體的用途，檢討必要的照度
照明的喜好	掌握客戶對於照明的喜好	□喜歡整體明亮的空間 □喜歡明暗分明的空間 □喜歡白熱燈泡那種溫暖的光芒 □喜歡日光燈那種偏白(蒼白)的光芒 □喜歡很少須要維修的LED燈 □其他
對於牆壁、地板、天花板的顏色喜好	檢討顏色明暗對照度的影響	□喜歡牆壁、地板、天花板都接近白色的空間 □喜歡地板顏色較深、牆壁跟天花板接近白色的空間 □喜歡地板跟天花板顏色較深、牆壁接近白色的空間 □喜歡牆壁、地板、天花板都接近深色的空間 □其他

2 估價的概算

概算估價單一般會以「一式」(一套)來記載金額

工程名稱：○△×□宅　新建工程

名稱	摘要	數量	單位	單價	金額	備註
[基礎工程]		1	套		925,000	
[木造工程]		1	套		6,510,500	
[電氣設備工程]		1	套		174,100	
[本體工程]		1	套		15,733,100	

由施工承包商所提出的，記載有一套金額的概算估價書。用器具一般的數量跟價格來計算。

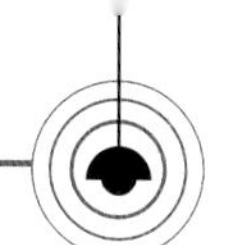

3 實施計劃

設計時的電氣設備圖，必須是符合使用方法的圖面

意匠設計師一般稱之為「電氣設備圖」的圖面，跟電氣設計師所製作的「配線圖」並不相同。意匠設計師的電氣設備圖以機械的規格、使用方法為主，用來給承包商進行估價，或是向客戶、現場施工人員進行說明。

電氣設備圖所記載的各種電氣設備的項目

符號	項目	符號	項目	符號	項目
⦶	雙孔插座	⦶3	3孔插座	⦶E	接地插座
⦶WP	防雨型插座	⦶▲	地板用插座	⊗--►	牆壁換氣窗
⊠--►	天花板換氣窗	--►⊣	進氣孔	▷--►	室外換氣罩
•	開關	•3	3迴路開關	•4	4迴路開關
•感	感測器開關	㊀感	感測器	◓	電話用插孔
⊖	電視用插孔	Ⓜ	多媒體插孔	ⓣ	室內對講機(子機)
ⓣ	室內對講機(母機)	○	天花板燈	▭○▭	FL(20W)×1條
▭○▭	FL(40W)×1條	⊘	吊燈	◎	落地燈
Ⓑ	壁燈	Ⓢ	投射燈	◘	立燈
R	遙控器(廚房、浴室)	◢	配電盤	S	住宅型火災警報器(感煙式)
N	住宅型火災警報器(感熱式)				

上表是各種設備所使用的符號。不用記載配線的種類或不同安培的插座，只標示向客戶跟施工人員說明時所須要的情報。

電氣設備圖與配線圖的比較

①電氣設備圖

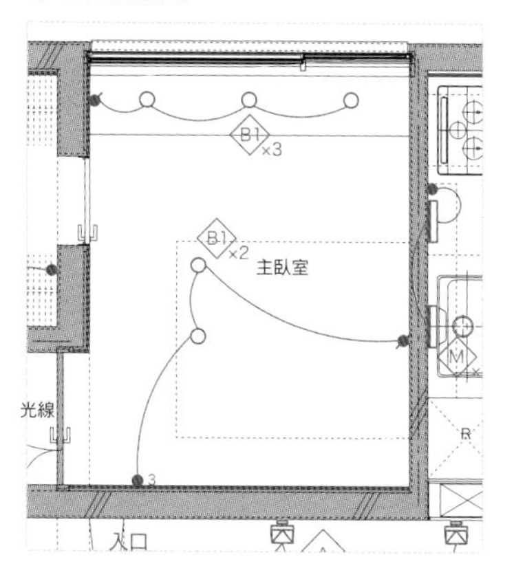

②配線圖

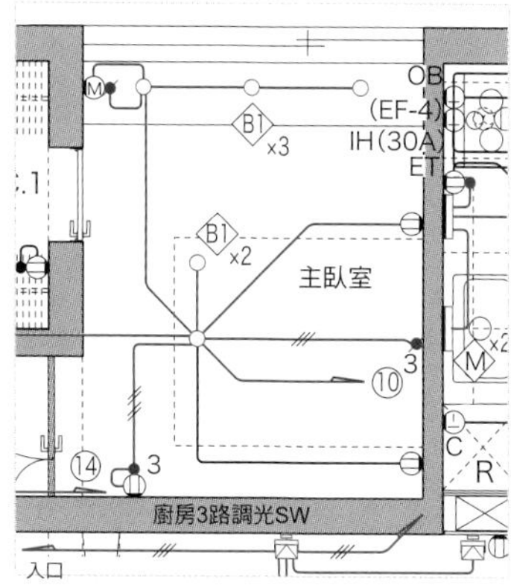

電氣設備圖是「按照使用方法來標示」，配線圖是「實際工程所執行的內容」，兩者擁有不同的目的，圖面的內容也有相當大的落差。

電氣設備圖的繪製順序

1　一邊選擇照明器具，一邊思考佈局

- **家中成員**
  若是有高齡者存在，必須設定較高的照度，並給予額外的考量。
- **平面圖**
  一邊用配光資訊檢查光線擴散的方式，一邊設定燈具的位置跟角度。並且對照事先確認好的家具位置來調整照明地點。
- **伸展圖**
  檢查照明器具所裝設的高度，對光線的擴散方式所造成的影響。確認桌上等位置是否有得到充分的照度。

2　決定開關的位置

- **動作**
  設想日常生活的動作，按照這個動線來決定開關位置。
- **方便性**
  不可以位在門的後方，或是被客戶以後搬進去的家具擋到。
- **整合性**
  不可讓開關、插座的位置四散，要盡可能的集中在一起。
- **感測器、3迴路開關**
  過度靈敏而不小心觸動等等，選擇時要小心這些不便之處。
- **沒有牆壁面的場合**
  若是因為玻璃牆等因素而無法設置開關時，必須用獨立的開關盒，或是另外裝設牆壁來對應。

3　照明器具的編號

- **在照明器具外觀列表之中，對每個款式賦予特定的編號。**
- **將照明器具的編號標示到圖面上。**

4　用線將開關與照明器具連在一起

- **由同一個開關控制的所有照明器具，會一筆串聯起來。**

5　決定插座的位置

- **方便性**　考慮到家具的佈置跟使用的電氣用品，來設定位置與數量。
- **種類**　按照使用地點、機器種類來設定200V或附帶接地等插座的規格。

6　製作照明器具外觀列表

- **將電氣設備圖所記載的照明器具的規格具體寫上。**
- **標示內容有裝設場所、製造商名稱、型號、光源種類、數量、規格等等**

7　製作特別記載的項目

- **共通規格書**　對於沒有標示於圖面上的部分，記載用來當作估價基準的書籍、開關或插座的裝設高度等基本事項。
- **電氣設備範例**　標示於圖面上的插座、開關、照明等器具的範例表。
- **電氣設備之機器列表**　記載客戶指定的款式跟型號已經決定的電氣設備。

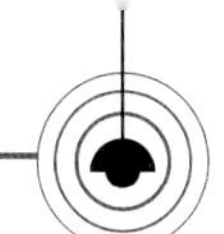

以實際案例來看電氣設備圖

電氣設備圖包含有「特別記載之規格書」「照明器具外觀列表」「電氣設備圖面」。
在此用實際案例來看它們的記載內容跟必須注意的地方。

特別記載之規格書

■共通規格	◎圖面及特別記載之規格書所沒有記載的事項，以住宅金融支援機構所監修的「木造住宅工程規格書(最新版)」為基準。
■燈具規格、裝設數量	1 插座：神保電器NK系列 2 開關：神保電器NK系列 3 接地插座：神保電器NK系列 4 室外插座：Panasonic電工Smart Design系列(銀白) 5 電話插孔裝設地點：客廳兼飯廳、主臥房 6 電視插孔裝設地點：客廳兼飯廳、主臥房、孩童房間1、2、3、客房 7 冷氣用電源裝設地點：客廳兼飯廳、主臥房、孩童房間1、2、3、客房 8 網路用電源裝設地點： 客廳兼飯廳、主臥房、孩童房間1、2、3、客房、廚房
■室內對講機設備	附帶螢幕的門鈴對講機(彩色)：玄關用Plus S型(Panasonic電工) 工程包含本器具的裝設 * 門鈴對講機的子機為FF型(埋入型)
■裝設高度等	1 沒有特別記載的場合，裝設高度全都以器具中心為基準 2 沒有特別記載的插座高度為FL＋150 3 沒有特別記載的開關高度為FL＋850 4 室外防雨用插座以GL＋450左右為中心 5 沒有特別記載的壁燈、吊燈、投射燈的位置跟高度以現場指示為準
■其他	1 在適當地點裝設人體感應器(可切換模式)當作防盜系統的一環 2 施工前製作配線施工圖，完工後製作竣工圖來提出

- 將當作設定基準的書籍寫上，作為圖面沒有記載的部分的估價等級。
- 記載開關跟插座的裝設高度等基本情報。
- 客戶要是有指定特定製品，將製造商的名稱與型號寫上。

電氣設備之機器的範例表

符號	名稱	符號	名稱
⏀	雙孔插座	⊗→	牆壁換氣扇
⏀3	3孔插座	⊠→	天花板換氣扇
⏀E	接地插座	-→◁	進氣孔
⏀WP	防雨型插座	▷→	室外換氣罩
⏀	地板用插座		
•	開關	○	天花板燈
•3	3迴路開關	▭○▭	FL(20W)×1條
•4	4迴路開關	▭○▭	FL(40W)×1條
•セ	感測器開關	⊘	吊燈
㊇	感測器	◎	落地燈
◒	電話用插孔	Ⓑ	壁燈
⊖	電視用插孔	Ⓢ	投射燈
Ⓜ	多媒體用插孔	▢	立燈
ⓣ	室內對講機(子機)	R	遙控器(廚房、浴室)
Ⓣ	室內對講機(母機)	◪	配電盤

- 電氣設備圖所記載的機器範例表。
- 沒有必要記載配線圖，也沒有必要用安培來將插座分類。

電器設備之機器列表

編號	種類	型號	製造商
F-1	換氣扇(廁所1、廁所2)附帶FD	V-08PED5 (送風量：75m3／h)	三菱電機
F-2	換氣扇(浴室)附帶FD	DVD-18SS2	東芝
F-3	換氣扇(廚房)附帶FD	MCH-90SKN	H＆H Japan
SP-1	進氣孔(150φ)附帶FD	KRP-BWCFH	Unix
SP-2	進氣孔(100φ)附帶FD	KRP-BWCFH	Unix
ECO-1	EcoCute	EQ46LFV	大金
S	住宅用火災警報器	煙霧感測型 SH38453	Panasonic

- 記載照明器具等，客戶指定的產品種類或型號已經決定的電器設備之機器。
- 電氣設備圖會用符號來標示，因此製作範例表。

照明器具外觀列表（以日本為範例）

編號 A　訂價 19,950 日圓	編號 B　訂價 27,300 日圓	編號 C　訂價 326 日圓	編號 C'　訂價	編號 D　訂價 8,925 日圓
製造商 IDEE *1 KULU LAMP　型號 IFFL-0210	製造商 Panasonic 電工　型號 LGW86280	製造商 東芝 Light Tec　型號 GW100V40W80	製造商 Mitsuba 電陶製作所股份有限公司　型號 IFFL-0210	製造商 Odelic　型號 OG 044 065
規格 100W(E26 燈座)、天花板鉤	規格 40 型迷你氪燈泡 1 顆 (E17)	規格 一般照明燈泡、白色球型 60W、40W	規格 瓷器	規格 反射型迷你氪燈泡 50W(E17) No. 6C
備註 顏色：白、天花板罩、塑膠（白）	備註 防雨型	備註 使用 D 型插頭	備註 附帶 E26 燈座、燈泡與 C 相同	備註 鋁壓鑄（白色塗料）、遮罩：強化玻璃 防雨型、牆壁與天花板兼用
房間 客廳、飯廳	房間 玄關口	房間 廁所 1、廁所 2、後門、透天、小孩房 3、洗手台、主臥室	房間 廁所 1、2、後門、透天、孩童房 3、洗手台、主臥室	房間 室外（多功能水槽上方）
數量 1	數量 1	數量 11	數量 11	數量 1
編號 E　訂價 5,355日圓	編號 F　訂價 7,770日圓	編號 G　訂價 8,190日圓	編號 H　訂價 13,125 日圓	編號 I　訂價 5,800 日圓
製造商 Odelic　型號 OD 062555	製造商 Odelic　型號 OD 062 192	製造商 Odelic　型號 OD 250 052	製造商 Panasonic 電工　型號 LW86357	製造商 YAMAGIWA　型號 D-982W
規格 迷你氪燈泡 60W(110V 用)(E17) No. 56	規格 迷你氪燈泡 60W(110V 用)(E17) No. 56 人體感測器，可切換模式 (OA 075 181)	規格 LED 1.2W	規格 60 型迷你氪燈泡單顆 (E17)	規格 E17 迷你氪燈泡白色 25W
備註 鋼 (Off-White 塗料、與擋板一起)	備註 鋼（黑色塗料、與擋板一起）\防雨型、燈罩：強化玻璃	備註 電源裝置 OA253031、OA256036 另售連接線 OA253036 另售	備註 H160、W160、突出 144	備註 鋼材塗裝、埋入型（牆壁專用）
房間 玄關、玄關收納、洗臉台、脫衣室、客房、廚房、客廳、餐廳、更衣間	房間 室外地板	房間 廚房（吊掛式廚櫃下方）	房間 浴室	房間 樓梯、走廊 3
數量 15	數量 2	數量 2	數量 1	數量 4
編號 J　訂價 33,600日圓	編號 K　訂價 9,450日圓	編號 L　訂價 48,300 日圓	編號 L　訂價	訂價　訂價

資料提供／連合設計社 市谷建築事務所

- **具體寫上電氣設備圖之中所記載的照明器具的規格。**
- **記載內容有裝設場所、製造商名稱、型號、光源種類、數量、規格等等**

COLUMN

各個設計事務所的標準規格

每次都從厚厚的照明目錄之中選出想要使用的燈具，是非常耗費時間的行為。一般的設計事務所，會將實際採用且風評良好的照明製作成表，從中選擇使用。在此舉出一些選擇的基準。

- 造型清爽、容易與空間搭配
- 使用的光源可以簡單取得
- 折價率高

以此加上節能的思維，還可以追加以下等條件。

- 盡量不使用白熱燈泡，以日光燈為主，如果預算允許的話則使用LED燈
- 可以確保隔熱性的款式(落地燈的SGI型或SG型等等)

那麼，要怎麼判斷是否該使用大眾化之標準規格的燈具呢？第一種類型，是客廳、飯廳以及訪客較多的客房使用昂貴的照明器具，其他各個房間使用標準規格的燈具。另一種則是全都使用標準規格的燈具，然後在客廳、飯廳或客房使用建築化照明來形成高級感，後者漸漸出現一般化的傾向。

電氣設備圖面

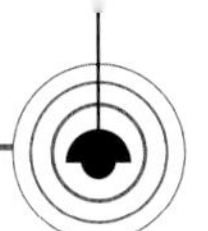

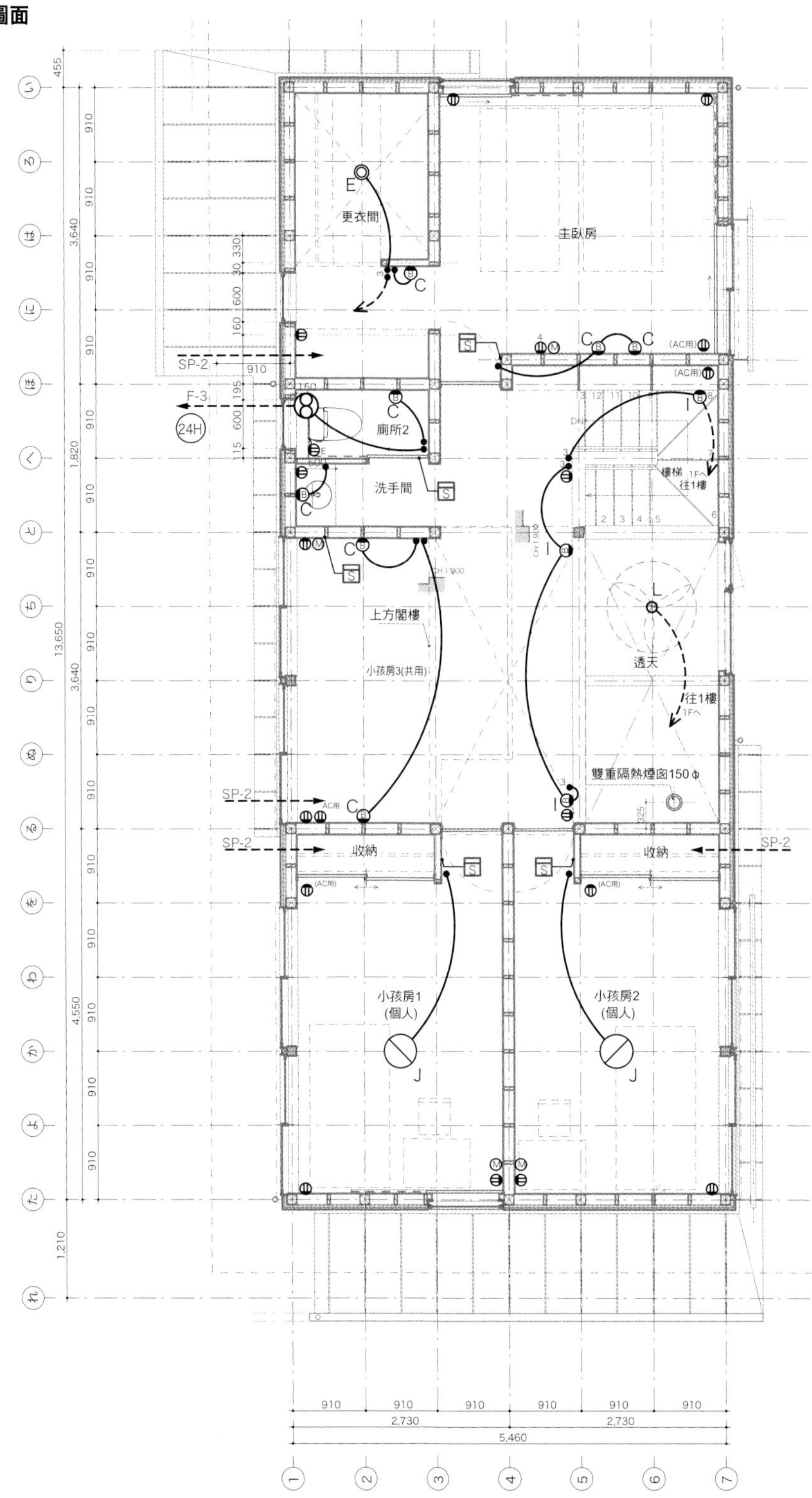

資料提供／連合設計社 市谷建築事務所

計劃時各個房間的注意事項

1 玄關	●裝設不曾用過的壁燈的場合，要注意燈具大小與位置高度的均衡性。
2 廚房	●在設計房間整體、流理台、靠牆壁的調理台的照明時，必須確認各個燈具所負責的機能。 ●在吊掛式廚櫃下方裝設照明時，可以用小型投射燈或螢幕用LED的落地燈來確保充分的照度。 ●插座必須擁有可以讓飯鍋等調理器具同時使用的電容量。
3 浴室	●地板容易讓人滑倒，必須選擇不用墊上台座也能交換光源的照明器具跟裝設位置。 ●必須選擇防潮型的燈具。 ●客戶對於光線有明亮、暗淡等喜好存在，要事先進行確認。 ●廠商展示間的照明器具照度雖然都相當高，但並不一定都適合住宅使用。
4 與水接近的地點	●除了60瓦的整體照明之外，基本上還會在鏡子(洗臉台)前方加裝局部照明，但在以下的場合則須要更進一步的照度 A)有面積較大的窗戶存在 B)由高齡者使用 C)裝潢的顏色較暗 ●插座必須要有接地。 ●吹風機跟電動牙刷等電氣用品越來越多，電源的插座最好要有4個以上。
5 寢室、小孩房	●裝在收納櫃等家具前方的落地燈，要檢查是否可以照到收納櫃內部。同時也要注意裝設的位置，看收納櫃的門打開時是否會跟燈光重疊成為火災的原因，。 ●將照明器具裝到家具上的場合，也必須將裝設高度記載到圖面上。 ●區隔小孩房間的牆壁，可能沒有厚到足以裝設開關或插座的盒子，建議用85公釐以上來當作基準。 ●事先決定好桌子跟床的位置，以此來規劃插座要裝在哪裡。 ●避免在床頭設置落地燈，以免讓人躺在床上的時候感到刺眼。

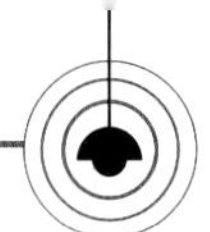

4 詳細估價

詳細估價單的檢驗程序

拿到詳細估價單的時候如何檢查電氣設備的部分，在此用實際案例來進行介紹。

估價內容表　第25頁

案件名稱　▒▒▒邸新建工程
A13電氣設備工程

編號	名稱	類別	形狀	數量	單位	單價	金額	適用	
1	照明器具設備								
	照明器具A		IDEE KULU LAMP IFFL-0210	1.0	盞	16,150	16,150	19,000	名稱
	照明器具B		Panasonic電工 LGW86280	1.0	盞	13,800	13,800	26,000	名稱
	照明器具C		Mitsuba電陶 Mugul Socket	11.0	盞	350	3,850	公開價格	名稱
	照明器具C		東芝LITEC GW100V 40W 80	11.0	盞	200	2,200	260	名稱
	照明器具D		Odelic OG 044 065	1.0	盞	4,100	4,100	8,500	名稱
	照明器具E		Odelic OG 062 555	15.0	盞	2,450	36,750	5,100	名稱
	照明器具F		Odelic OG 026 191	2.0	盞	3,600	7,200	7,400	名稱
	照明器具G		Odelic OG 250 052	2.0	盞	3,750	7,500	7,800	名稱
	照明器具H		Panasonic電工 LW86357	1.0	盞	6,000	6,000	12,500	名稱
	照明器具I		YAMAGIWA D-982 W	4.0	盞	4,650	18,600	5,800	名稱
	照明器具J		IDEE Orb IPFL-0540	2.0	盞	27,200	54,400	32,000	名稱
	照明器具K		Panasonic電工 HNL84135	1.0	盞	4,350	4,350	9,000	名稱
	照明器具運費 IDEE			1.0	套		4,000		
	照明器具裝設費用			1.0	套		50,000		
								合計＝	228,900
2	電氣牽線工程								
	外電 電氣牽線工程		22SQ 30m	1.0	套		171,000		
	外電 電錶箱		MS-12RB	1.0	面	41,800	41,800		
	外電 接地工程			1.0	套		5,000		

檢查的程序

- 跟意匠圖面的電氣設備圖所記載的內容進行對照，檢查型號跟數量是否正確，以及估價有沒有漏掉的部分。
- 在估價單的大項目之中，計算電氣設備的工程費用佔整體工程費用的幾成。要是百分比太高的話（※註1），則檢討是否可以降低差額。壁燈等照明器具之中，選出各個房間的主要照明。
  （※註1），則檢討是否可以降低差額。

※註1／日本首都圈內標準的傳統工法所建造的2樓住宅的場合，會設定在6～7%左右。

估價內容表　第27頁

案件名稱　▒▒▒邸新建工程
A13電氣設備工程

編號	名稱	類別	形狀	數量	單位	單價	金額	適用	
								合計＝	193,350
4	電燈設備裝置								
	電燈工程			41.0	處	2,450	100,450		
	開關 感測器		Panasonic電工 WTK37314S	1.0	處	12,100	12,100		
	開關 單電路		NPK Plate	22.0	處	2,750	60,500		
	開關 遙控(外燈)		NPK Plate	4.0	處	3,850	15,400		
	開關 3迴路		NPK Plate	8.0	處	3,850	30,800		
	開關 感測器		Panasonic電工 HNL84135	1.0	處	5,300	5,300		
	開關 雙開孔		NPK Plate	24.0	處	2,750	66,000		
	開關 四開孔		NPK Plate	4.0	處	3,550	14,200		
	開關 附帶E		NPK Plate	1.0	處	3,850	3,850		
	開關 附帶E專用		NPK Plate	5.0	處	4,400	22,000		
	開關 空調		NPK Plate	5.0	處	6,850	34,250		
	開關 空條200V		NPK Plate	2.0	處	6,950	13,900		
	開關 防水		Smart Design	2.0	處	3,750	7,500		
	開關 遙控器			2.0	處	3,300	6,600		
	IH電源			1.0	處	6,600	6,600		
	烘乾機電源工程			1.0	處	4,000	4,000		
	EcoCute電源工程			1.0	處	27,500	27,500		
								合計＝	430,950

資料提供／連合設計社 市谷建築事務所

如何降低費用

①先從不改變內容來降低金額的方式著手

- 請工程的承包商將估價單內的商品變更為其他製造商的同樣等級，但較為廉價的商品。

②數量、系列性產品的調整

- 將照明器具的款式變更為較為廉價的類型。
- 將插座等系列性的產品變更為較為廉價的類型。
- 廢除調光器、3路開關。

③變更電力配線的方式

- 將透過電線桿，從地面下將電線牽到建築內部的配線方式去除，改成從建築物外牆直接拉到內部的方式。
- 將電錶箱的位置移動到看不到的地點，並更換成廉價的商品。

④委託承包商按照預算盡可能調整工程費用

5 基礎工程動工、施工中

到現場監督時的檢查部位

工程動工可以進入現場之後，必須對各個部位進行檢查(監督)。除了確認意匠電氣設備圖所記載的內容之外，還可以用第44頁～的檢查表來進行檢查。

用照片來看檢查部位

貫穿木造骨架的時候，必須在管線加上保護用的材料。

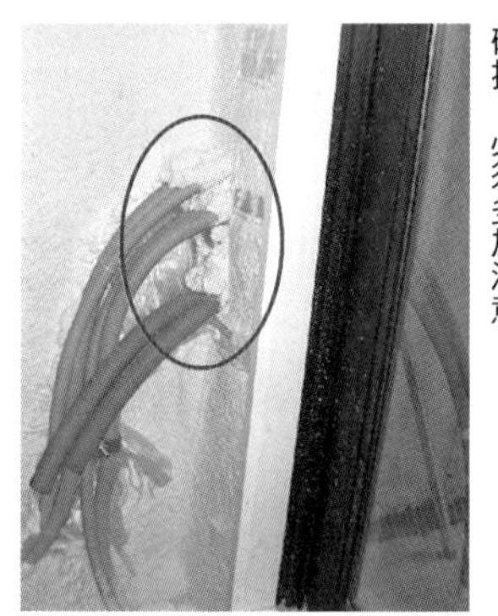

管線貫穿牆壁的部分容易讓隔熱材產生破損，必須多加注意。

埋到鋼筋水泥內部的CD管若是集中在一起的話會產生石穴(※註1)，必須某種程度的分散。

※註1　灌水泥的時候無法流入的狹窄部位，有許多骨架跟粗粒料聚集在一起，是水泥結構的不良部位。

門窗開關的時候若是與落地燈重疊，有可能因為光源的熱度而燒焦，進而引發火災，要特別注意。

門窗開關的時候注意不可以去撞到火災警報器。

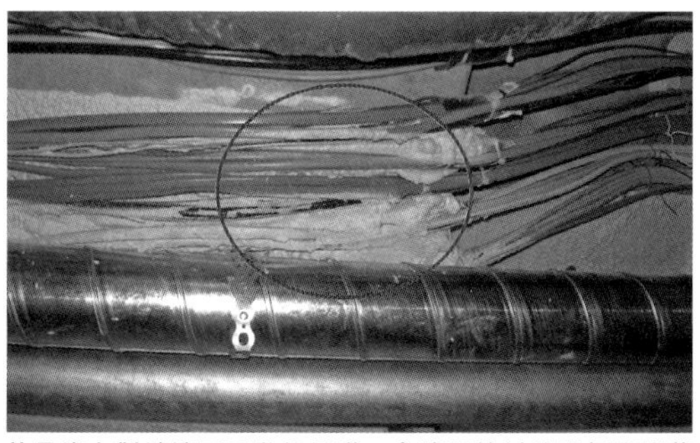

若是沒有對纜線周圍進行保護，會讓隔熱材的聚氨酯附著上去，嚴重的狀況可能得重新施工。

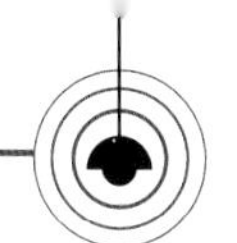

必要的照度會隨著活動內容變化

以住宅為首，日本工業規格的JIS Z9110規定有辦公室、工廠、醫院等設施，以及各個場所之作業所須要的照度。在設計各個房間的照明時，要注意是否有達到這個基準。另外，高齡者的生活空間必須要有高於一般的照度，這個部分可以參閱第88頁。

JIS Z9110的住宅照度基準

照度(勒克斯)	1	2	5	10	20	30	50	75	100	150	200	300	500	750	1000	1500	2000
客廳						整體				團聚 娛樂		閱讀 化妝 電話		手藝 裁縫			
書房 小孩房							整體(小孩房)	整體(書房)		遊戲			閱讀 進修				
和室 接待室						整體				和室 桌座間							
客廳 廚房							整體				餐桌 調理台 流理台						
寢室	深夜			整體								閱讀 化妝					
浴室 衣帽間								整體		洗衣服	刮鬍子 化妝 洗臉						
廁所	深夜						整體										
走廊 樓梯						整體											
置物間 儲藏室					整體												
玄關(內部)								整體		脫鞋子 裝飾櫃		鏡子					
入口 (室外)	防盜		通路			門牌 信箱 門鈴											
車庫						整體					打掃 維修						
庭園	防盜		通路			陽台 整體		派對 用餐									

電氣設備監理檢查表

確認點		內容
灌水泥(鋼筋水泥)	配線	□是否有遵循構造設計的基準。 □連接到配線盒的管線之間是否有相距40公釐以上的間隔。原則來說，每條鋼筋之間的縫隙只能配上一條管線。管線之間相隔的距離為管線直徑的5倍或100公釐以上，另外還有各個部位自己的強化基準。 □配線集中的部位，是否有得到結構設計師的同意。另外是否有跟樑距離500公釐以上。 □屋頂跟外牆為了防止裂痕，不會埋入CD管。不得不如此的場合，必須先得到結構設計師的同意。要讓管線彎曲、得將鋼筋切斷的情形下，要事先與承包商討論，確認施工方法不會造成結構設計上的問題。
外牆電箱		□裝設的時候是否有在壁面與電箱之間插上隔熱材(噴上隔熱材的部位)。
纜線		□貫穿木造軸組的纜線是否有保護措施。 □電線、纜線是否有氨基甲酸酯的隔熱材附著，要是附著得太過嚴重，必須更換纜線。
計量器盒		□是否有進行消防上的對策(防爆處理)。 □集合性住宅的場合，計量器是否有標上住戶號碼。
必須接地的部分	特定機器	□洗衣機、洗衣兼烘乾機、微波爐、冰箱、洗碗機、空調、溫水洗滌式馬桶、電熱水器等等
	其他	□烤箱、電熱水瓶、集線盒光源、流理台光源、玄關外光源、40W以上的日光燈(40W以下的快速啟動式日光燈)、外部照明、外部插座等等(電氣配線按照日本建築之內線規定)
插座、開關		□插座與開關的裝設位置是否正確(注意是否會被柱子干涉)。 □有可能因為連線錯誤使開關讓計劃中不同的燈具亮起，必須在完工之前確認照明與開關是否全都正確。 □器具是否裝設的正確無誤，有沒有損害到美觀。
外部插座		□是否有裝設在擋板下方。 □若是集合性住宅的共用插座(最好有接地)，是否可以上鎖。
壁燈的燈罩 室內對講機盒		□裝設位置、高度、排列是否正確。鋼筋水泥的場合，在灌水泥時要確認每個裝設盒的位置。 □壁燈的燈罩是否會影響到計量器盒的蓋子開關。
配電盤		□電路是否有正確的顯示。
感測器		□門跟窗戶等是否會干涉到。
監視攝影機		□是否裝在不會被人惡作劇(無法輕易用手觸摸到)的位置。

確認點	內容
照明器具	□是否有干涉到門、窗戶、配電盤的開關。 □裝設時與牆壁跟天花板的間隔為白熱燈泡300公釐、日光燈管100公釐。 □與地板跟建材的距離為白熱燈泡300公釐、日光燈管100公釐。 □是否有跟天花板的人體感測器相距400公釐以上，設計的位置若是出現問題，要先試著變更人體感測器的位置。 □白熱燈泡附近是否有會受到光源熱度影響的物體。 □地面是否會因為照明器具而形成倒影。
間接照明	□燈泡或燈管是否會被直接看到，更換起來是否沒有問題。 □是否有形成均等的照明。 □燈具是否有確實固定、有沒有掉落的危險。 □開燈時裝潢的表面是否會形成倒影。 □電線的出口是否有骯髒。 □電線是否過短、中途是否有連繫下去。 □間接照明是否有確實收在預定的位置上。 □是否有充分的間隔來避免照明器具的熱度所造成的影響(與天花板間隔150公釐以上、從牆壁突出300公釐、維修用的空間是否充分)
外部照明	□伸手可及的範圍之內，是否有使用可能會造成燙傷的燈具(有的話要明確標示)。 □是否有用水泥將燈具固定來避免預料之外的晃動。 □是否有選擇不顯眼的部位來標示燈具的注意事項。

照明設計師所進行的照明計劃

照明計劃之中特別重要的，是在計劃建案的階段，就一起參與來思考照明。就算是有別於意匠設計的照明設計師，這點也一樣的重要。在此介紹照明設計師進行住宅照明計劃時的設計流程。

照明設計的重點

在建築設計的過程之中，照明大多屬於事後的計劃，配合已經決定好的空間來進行設計。但照明除了機能性之外，還擁有可以讓人生活舒適、心情愉快等設計方面的額外性功能，必須要跟空間設計一起來思考才行。在此按照順序，來看看照明計劃時必須跟建築計劃一起思考的重點，以及要客戶確認的事項。

照明設計的流程

1 掌握計劃內容

透過開會跟現場的確認，來決定照明設計的方向性，以及照明設計業務的範圍跟設計工程。另外也要瞭解客戶家中成員等資訊。

▶ 活用展示間

- 從分享客戶對於亮度的觀感。
- 用實物來確認燈具的尺寸跟質感、燈罩與遮板等設備。
- 對於擁有可動部位的燈具實際操作看看。
- 確認各種燈泡顏色上的不同。選出各個房間的主要照明。

2 基本構想

製作基本構想圖跟意象圖，與客戶跟建築設計師共享同樣的景象。同時在此確認客戶偏好哪一種亮度。

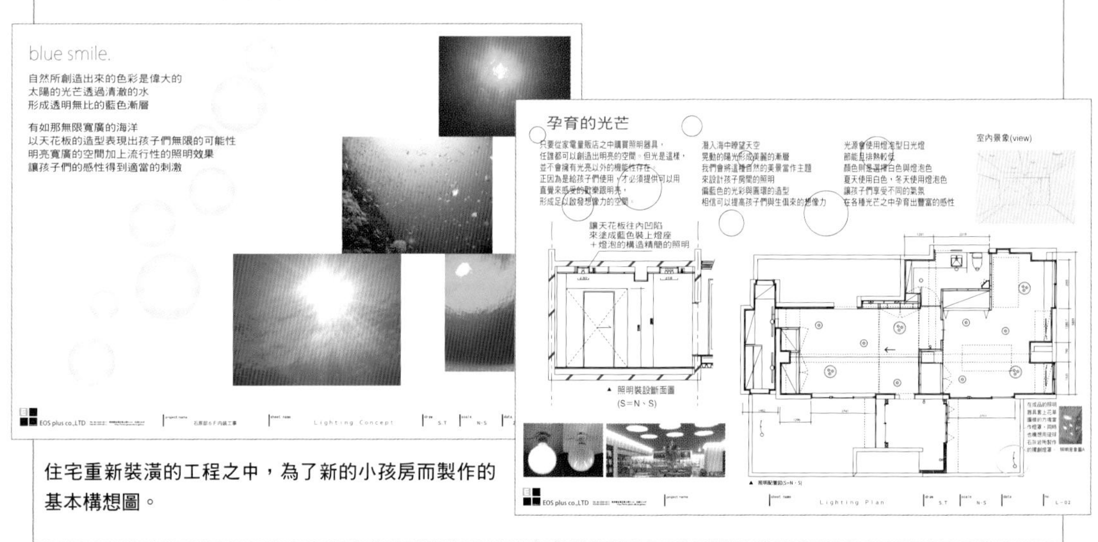

住宅重新裝潢的工程之中，為了新的小孩房而製作的基本構想圖。

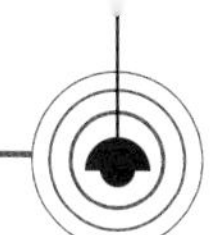

3 基本設計、燈光配置圖

決定適合各個樓層、空間、用途的照明方法，以及控制方法、色光等⋯，跟意匠設計一起調整細節與整體狀況。依照需要來進行照明的模擬跟實驗，有時還會製作木造模型來對客戶進行介紹。

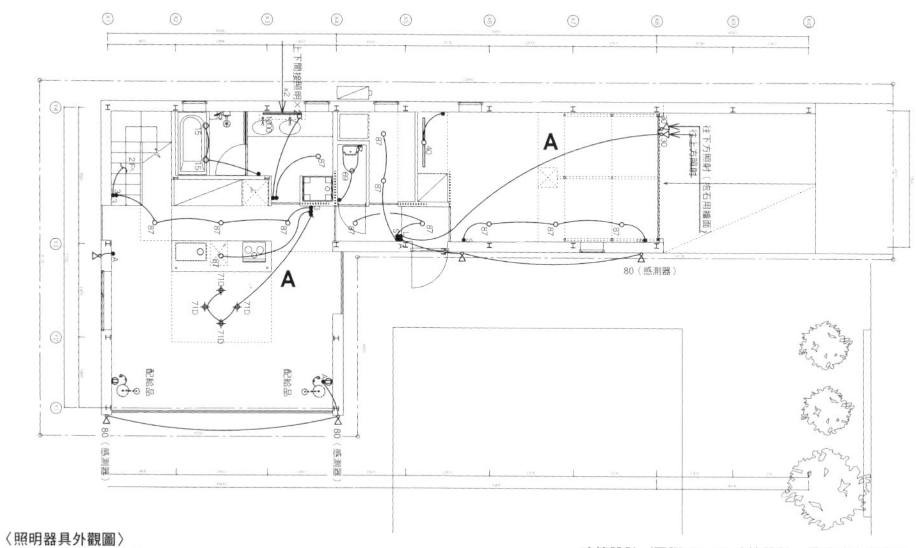

建築設計／國際ROYAL建築設計一級建築士事務所

〈照明器具外觀圖〉

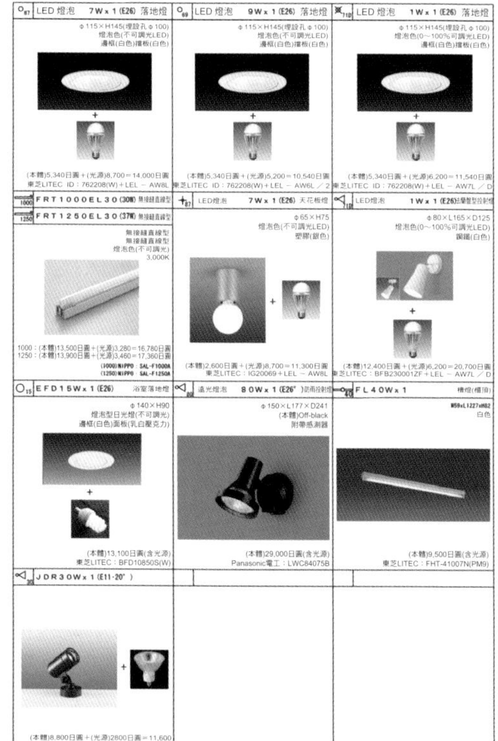

＜範例＞

記號	名稱	備註
●	開關(1P15A×1)附設位置顯示燈	
●L	開關(1P15A×1)附設確認顯示燈	
●3	3迴路開關(3W15A×1)	
●S	感測器開關(3路型)	使用TOSHIBA製造 人體感測器開關
●A	感測器燈具持續點燈、消燈用開關	
●	調光用開關	使用TOSHIBA製造 雙線型相位控制調光器

照明的燈光配置圖與照明器具表。記載開關種類與位置，並用曲線(如圖面中的A)將開關與控制的燈具連在一起的概略圖。一般可以用這個圖面讓承包商估價。

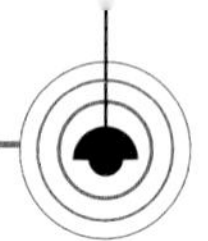

4

實作設計

按照基本計劃來進行實作設計。最後將決定照明的燈光配置、燈具種類、開關方式、開關系統、負荷容量的計算等詳細內容，以此來製作實作設計圖跟配電盤連線圖。

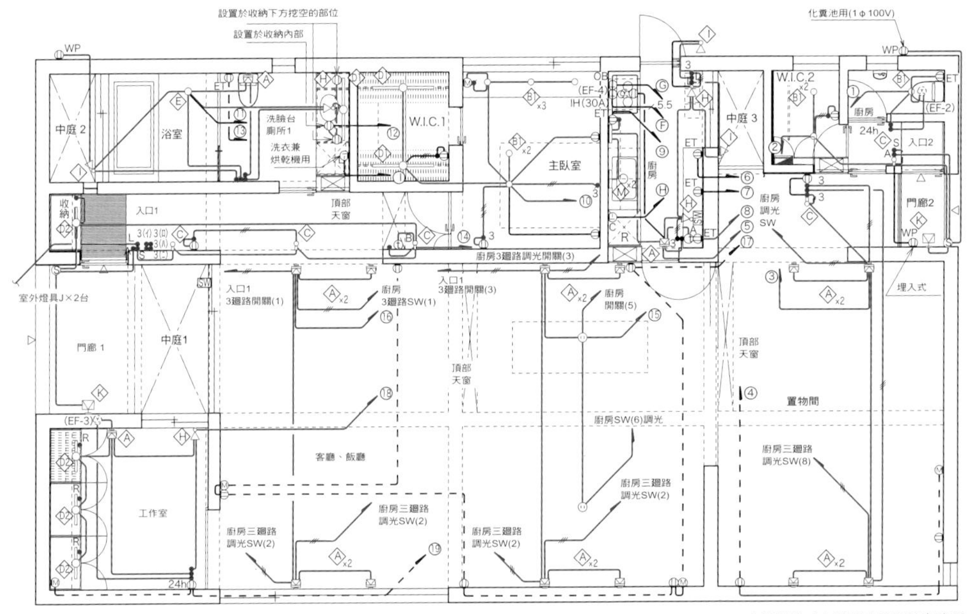

建築設計／高僑堅建築設計事務所

在住宅圖面之中，一般會連同照明(電燈)跟插座的圖面一起繪製。配電盤的電路編號跟哪個照明器具相連等…，將這些資訊與開關系統一起寫上，就是交給現場負責人的圖面。

5

Shooting

Shooting指的是調整照射角度的作業。在完工之前確認現場的照明效果，對需要微調的部位進行Shooting的作業，成為可交屋的狀態。

Part 3

照明器具的整合與注意點

設計上的技巧與注意點

進行照明設計時非常重要的一點，是理解光源與房間大小、裝潢材料的關聯性。另外，照明器具若是沒有按照正確方法裝設，有可能會導致各種意外事故發生。在此提出相關的技巧跟注意事項。

房間與落地燈數量上的關係

在天花板開洞來埋設進去的落地燈，是一般住宅常常使用的照明器具之一。孔徑大小若是不同，房間給人的印象也會改變。較大的孔徑可以增加燈具的存在感，就算孔徑較小，如果數量多的話還是會形成滿天星星一般的天花板。較為一般的高度2400公釐的天花板的場合，建議使用直徑φ100～150公釐的開孔。但就算孔的大小相同，也會因為光源的不同讓光的呈現方式產生變化，必須思考燈具數量、必要的亮度、孔徑大小等三者的平衡來進行裝設。

使用落地燈的整體照明的特徵與注意點

KOIZUMI照明

- 雖然可以讓天花板得到清爽的感覺，但如果加上邊框或反射板，則有可能讓存在感增加。
- 同樣的孔徑跟配光、燈光數量，也會因為光源讓空間的呈現方式產生變化。
- 考慮到房間大小，來選擇開孔的尺寸。通常6個榻榻米大小(約3坪)的房間，開孔直徑約φ100～125mm左右。
- 隔熱的有無跟種類都會影響到可以裝設的燈具類型，必須多加注意(詳細參閱21頁)。
- 確認燈具的邊框跟反射板的顏色、材質，跟天花板完成之後的色澤是否搭配得已。
- 通風口等其他設備的通道跟樑柱等等，在其他器具的干涉之下燈具可能無法順利裝上，必須多加注意。

掌握落地燈之燈光配置的基本原則

牆壁之裝潢為白色的場合

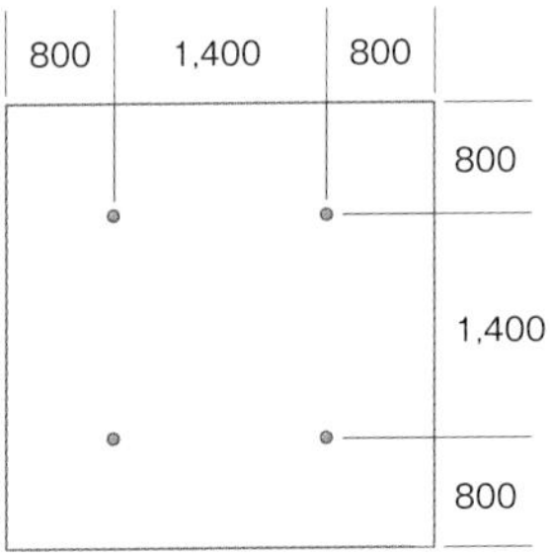

800　1,400　800

800
1,400
800

牆壁之裝潢為暗色或玻璃的場合

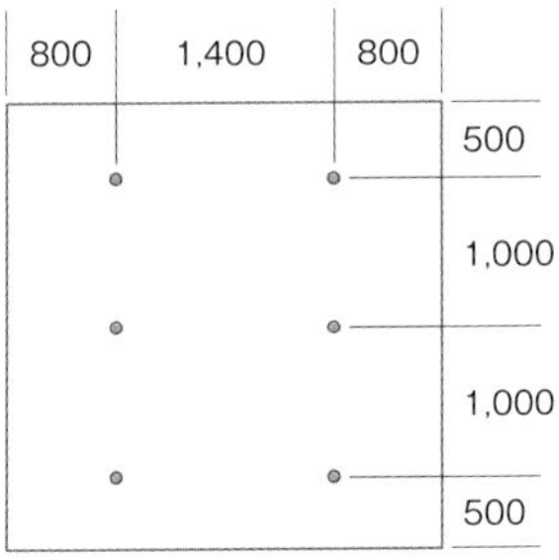

800　1,400　800

500
1,000
1,000
500

使用15W燈泡型日光燈來當作落地燈的場合

- 牆壁為白色的場合反光率較高，就算房間大小相同，所須的燈具數量也比暗色的要少。
- 牆壁顏色較暗或是使用玻璃的場合反光率較低，就算房間大小相同，所須的燈具數量也比白色的要多。

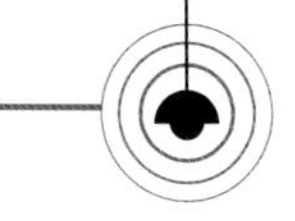

廣角、狹角所形成的對比變化

11°
狹角形

20°
中角形

30°
廣角形

大光電機

燈光照射的角度越是寬廣，光線就越容易擴散到整個房間，讓影子變淡的同時，地面的照度也會跟著變低。反過來如果照射角度較為狹窄，則只會照亮室內的特定部位，讓其他部分的影子也跟著變濃。

整體照明之落地燈的照度分佈會隨著光源而變化

光源	照度分佈(單位：勒克斯)	呈現方式
12W燈泡型日光燈 (相當於60W白熱燈泡) 	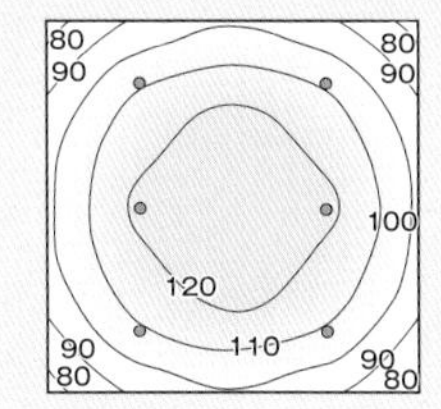 810流明×6盞 地面平均照度：109勒克斯	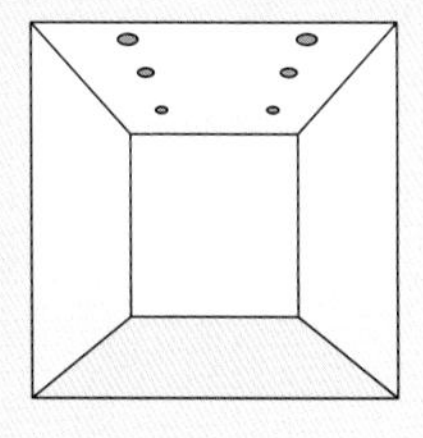 ●分散在天花板上，可以讓空間得到均等的照度。 ●想要維持天花板的清爽，又想讓整體明亮起來時相當有效。
60W反射燈泡 	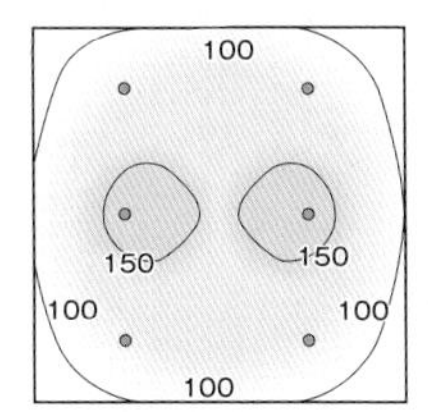 630流明×6盞 地面平均照度：126勒克斯	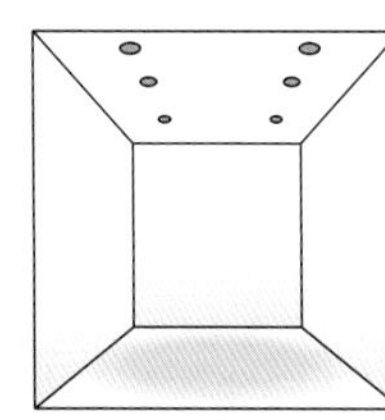 ●使用光線不會漏到燈具背面的反射燈泡，讓光不容易擴散到天花板的表面上。 ●跟燈泡型日光燈相比，光芒擴散的程度較小。
40W鹵素杯燈 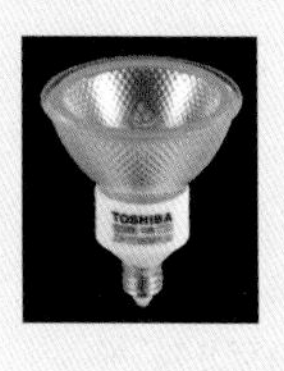	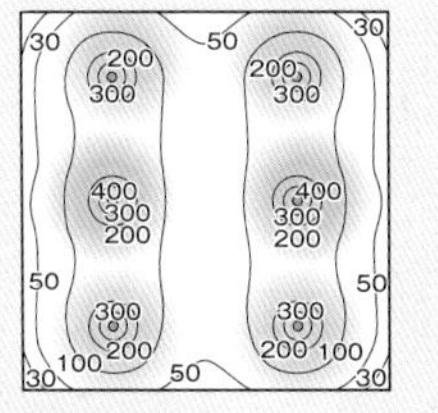 500流明×6盞 地面平均照度：108勒克斯	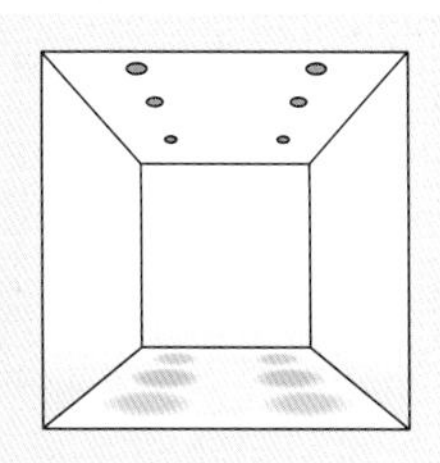 ●牆壁跟天花板會形成明確的對比，創造出明暗分明的空間。 ●可以用在餐桌等特定位置上方。

※照度分佈圖會強調光源配光上的差異。

東芝LITEC

整體照明之落地燈的配置與空間的呈現方式・應用篇

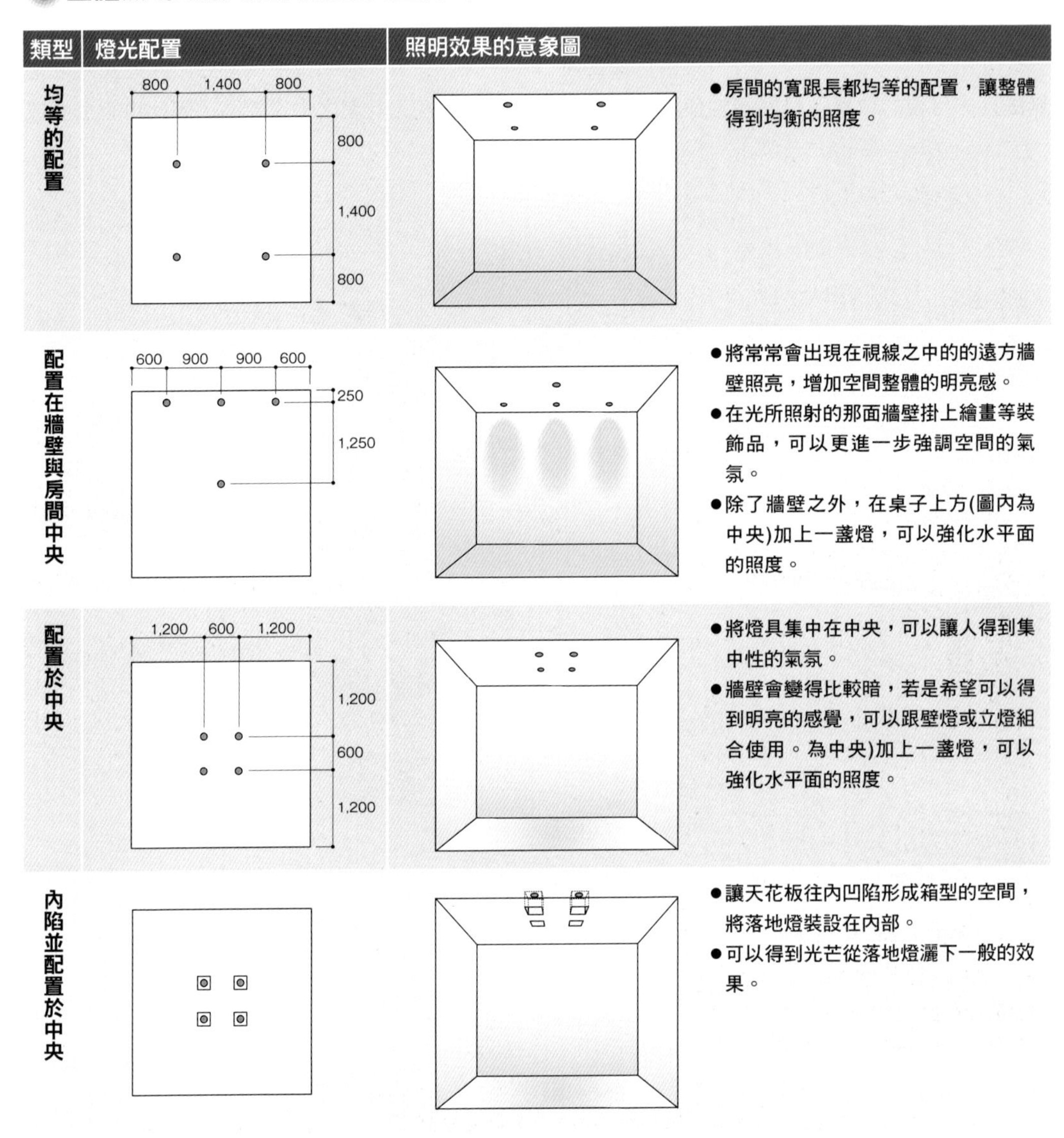

類型	燈光配置	照明效果的意象圖
均等的配置		●房間的寬跟長都均等的配置，讓整體得到均衡的照度。
配置在牆壁與房間中央		●將常常會出現在視線之中的的遠方牆壁照亮，增加空間整體的明亮感。 ●在光所照射的那面牆壁掛上繪畫等裝飾品，可以更進一步強調空間的氣氛。 ●除了牆壁之外，在桌子上方(圖內為中央)加上一盞燈，可以強化水平面的照度。
配置於中央		●將燈具集中在中央，可以讓人得到集中性的氣氛。 ●牆壁會變得比較暗，若是希望可以得到明亮的感覺，可以跟壁燈或立燈組合使用。為中央)加上一盞燈，可以強化水平面的照度。
內陷並配置於中央		●讓天花板往內凹陷形成箱型的空間，將落地燈裝設在內部。 ●可以得到光芒從落地燈灑下一般的效果。

※燈光配置圖的數據，是假設房間的大小為3,000×3,000×H2,400公釐時的參考數據。
※照明效果的意象圖以強調燈光配置的差異為主要目的，光源不同呈現方式也會產生變化

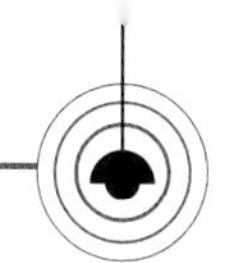

用建築化照明來創造出寬廣的空間

建築化照明，會將燈具裝在天花板或牆壁等無法直接目視的位置，是間接性使用照明的一種方式。這種照明方式會利用反光，因此牆壁跟天花板完工之後的狀況將大幅影響照明的效果。只要瞭解照明器具的位置跟反光面的關係，就能創造出寬廣空間的氣氛，給人高級的感覺。另外，建築化照明實際讓人感覺到的照度，大多比計劃之中還要高，因此也有可能成為節能的手段。

Cornice照明的特徵與注意點

將照明器具裝在天花板跟牆壁轉角的位置，將牆壁面照亮。

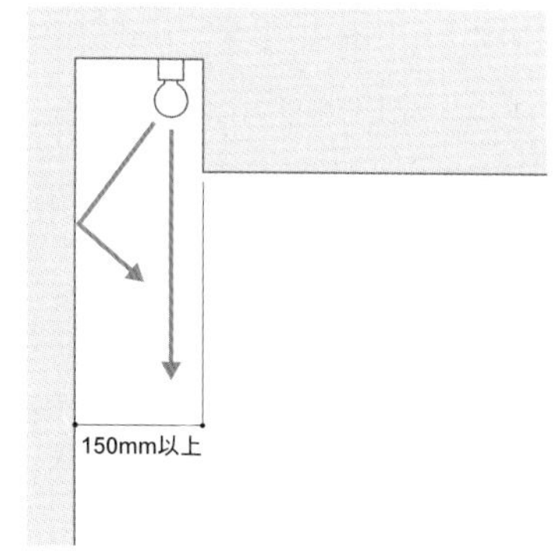

- 照亮牆壁面，讓空間得到寬廣的感覺。
- 跟灰泥牆、熱石膏牆組合，可以得到更好的效果。
- 牆壁上要是有較大的凹凸會形成影子，必須多加注意。
- 跟經過褪光處理且色澤明亮的牆壁比較容易搭配。
- 牆壁若是有光澤存在，有可能因為反射讓照明器具形成倒影，搭配起來並不合適。
- 收納燈具的空間，必須考慮到更換光源等維修作業，最少要有150公釐。
- 某些場所可能會讓照明器具被看到，要確認動線之後再來決定是否採用。

裝設位置

① 隱藏照明器具

- 可以將照明器具完全隱藏起來，得到美觀的外表。
- 天花板的部分須要較大的空間，施工難度較高。
- 只有反射光會抵達地板，照明效率較差。

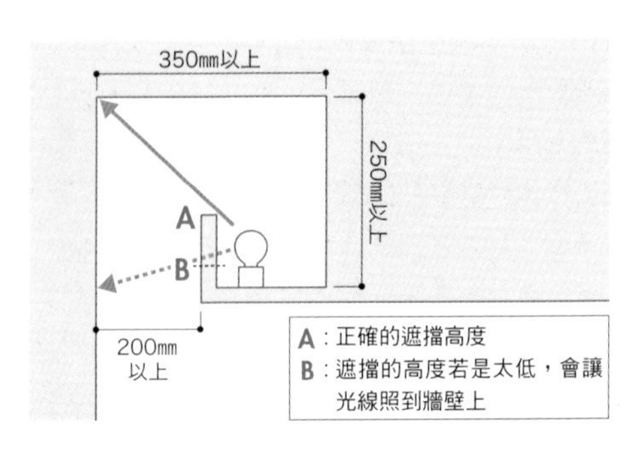

② 讓照明器具朝下

- 光可以直接抵達地板，感覺較為明亮。
- 從下往上看可以直接看到照明器具。
- 維修作業比較容易。

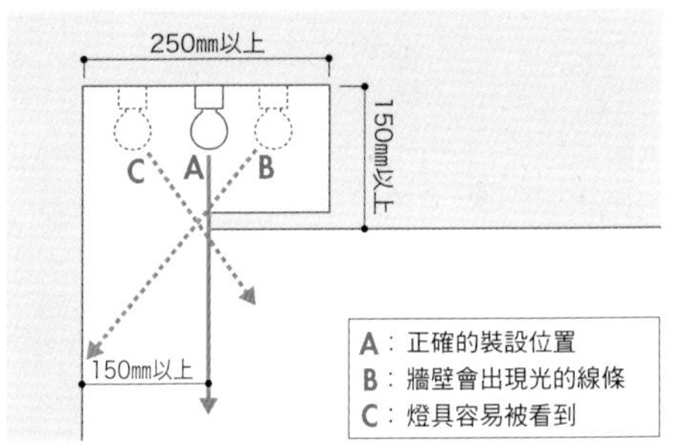

③ 以橫向來裝設照明器具

- 跟朝下的裝設方式相比，照明器具比較不容易被看到。
- 光的伸展性較佳。
- 維修作業比較容易。

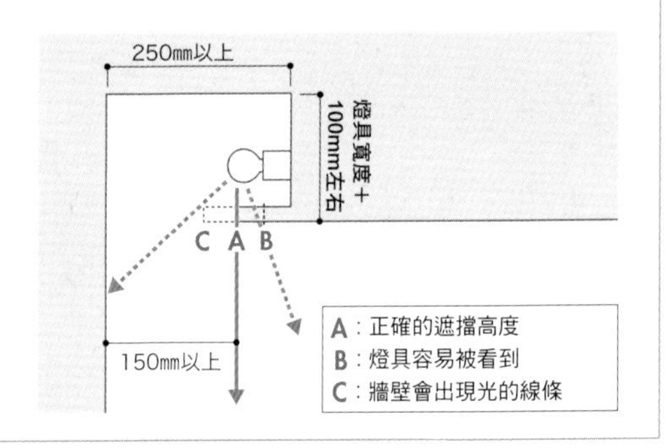

Cove照明的特徵與注意點

在牆壁面或天花板加裝照明器具專用的空間，將天花板照亮。

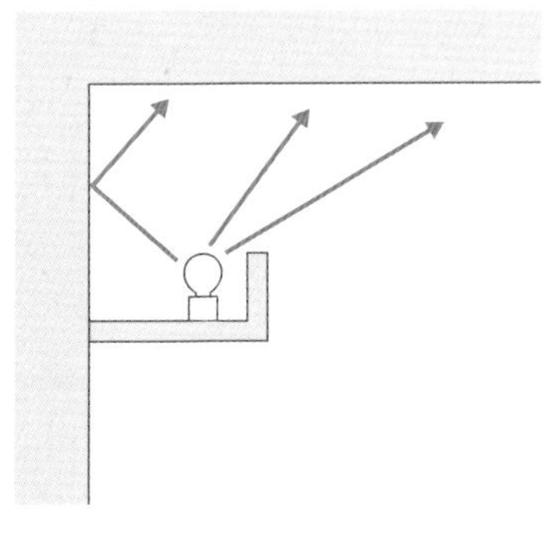

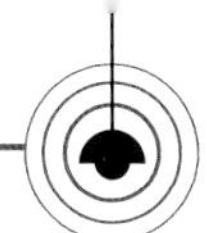

- 將天花板照亮，可以降低天花板較低的空間所形成的壓迫感。
- 可以形成宛如天窗一般的演出效果。
- 照明器具的裝設位置跟照射面若是太過接近，則只有跟光源接近的部分會被照亮，無法形成美麗的漸層。
- 跟經過褪光處理且色澤明亮的天花板比較容易搭配。
- 天花板若是有光澤存在，有可能因為反射讓照明器具形成倒影，搭配起來並不合適。
- 基本上遮光板的高度必須與燈具的高度相同，或是高過燈具5公釐左右。

裝設位置

① 牆壁

- 比較容易讓光擴散出去。
- 跟天花板的距離最少要有300公釐以上。
- 要是在牆壁前方裝設固定式的家具，可能會造成維修上的困難。
- 空調跟感測器等等，要確認是否會照到天花板上的設備，讓它們顯得比較突兀。

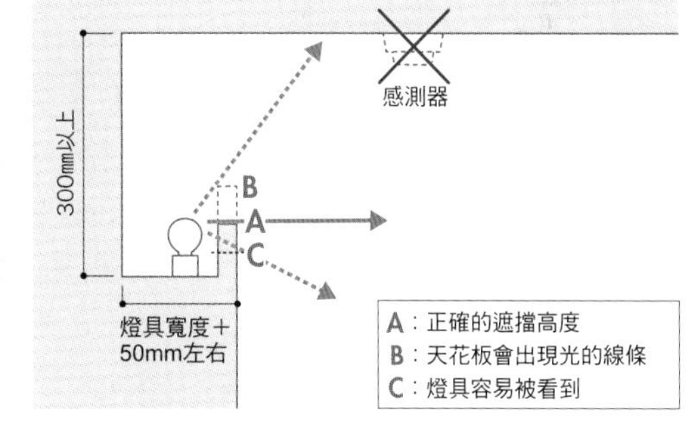

② 天花板

- 注意不可以讓光源被看到。
- 注意不可以因為反光讓光源被看到。
- 跟天花板的距離若是無法達到300公釐以上，則不可以勉強裝設。
- 空調跟感測器等等，要確認是否會照到天花板上的設備，讓它們顯得比較突兀。

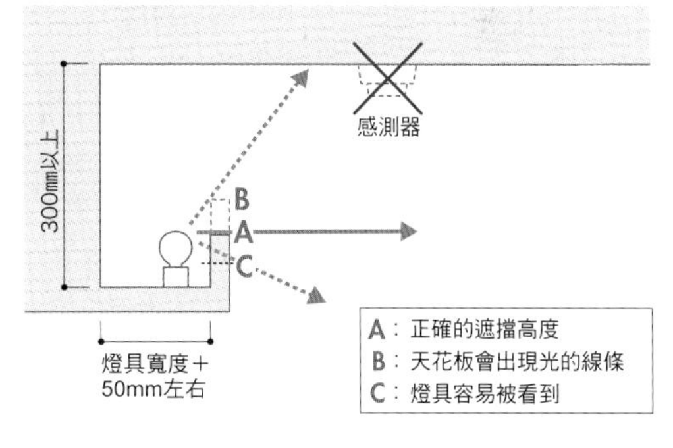

③ 傾斜的天花板

- 原則上會將照明器具裝在高度較低的一方。

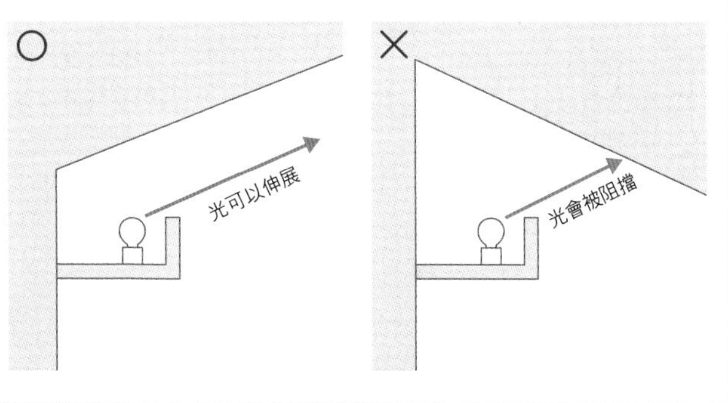

均等性照明的特徵跟注意點

用遮光板來隱藏照明器具，
主要將牆壁照亮。

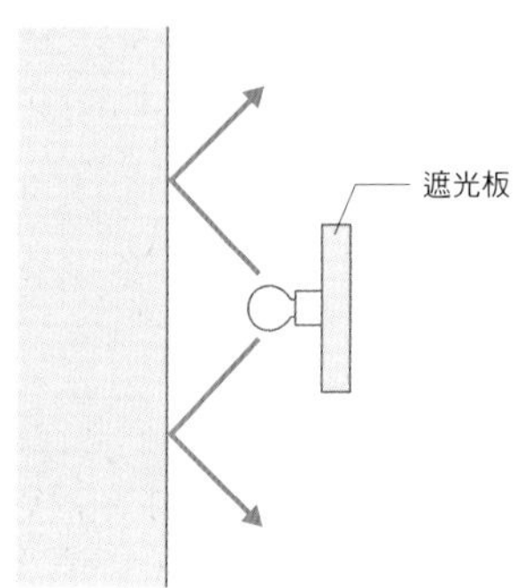

- 可以同時照亮天花板跟牆壁。
- 光源比較容易被看到，必須確認裝設位置與動線。
- 某些光源可能會讓遮光板突出的部分加大，損害到美觀。

裝設位置

① 遮光板一方

- 讓光源不容易被看到。
- 遮光板必須承受燈具的重量，有時得增加牆壁延伸出來的支撐部位才行。
- 像日光燈這種連續排的燈具的場合，燈具跟牆壁的距離較近，燈座部分的影子比較容易被看到。連接的場合必須使用不會產生接縫的燈具。

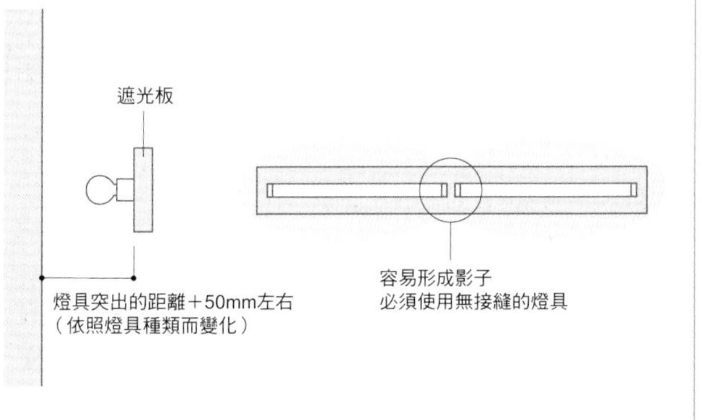

② 上下

- 牆壁與遮光板之間的間隔較窄也沒關係。
- 不只是牆壁，擴散出來的光芒可以充分照亮天花板跟地板。
- 隨著燈具種類的不同，可能須要高度較高的遮光板。適合LED或無接縫照明等小型的燈具。

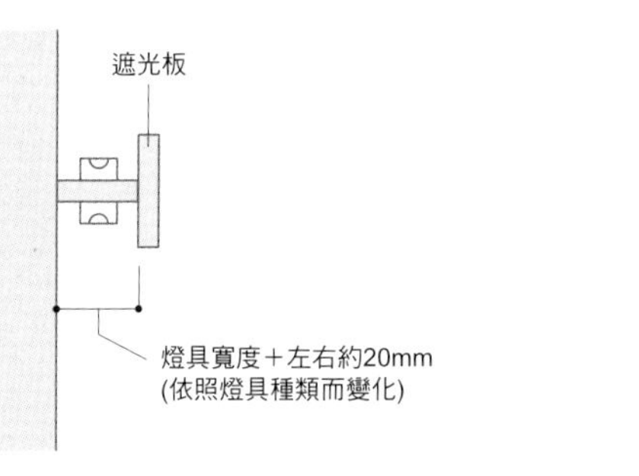

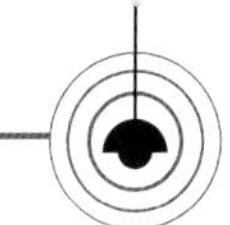

適合當作間接照明的光源

名稱	特徵與注意點	壽命
間接照明用日光燈 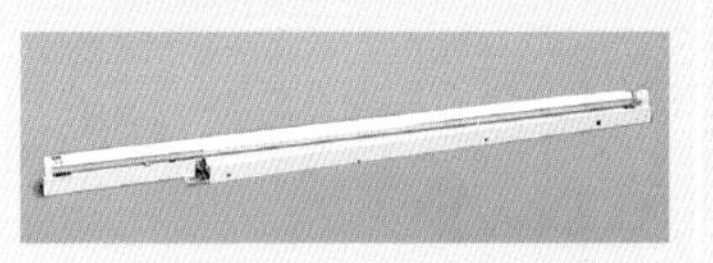 Panasonic	●前提是以傾斜的方式來裝設光源，透過重疊讓兩端燈座的部分不會形成影子。 ●價格較為低廉。 ●有可以調光的款式存在。 ●Hf日光燈是較為一般的類型，且可以確保充份的亮度，但長度只限於16型跟32型兩種，收納部位的尺寸比較不容易調整。房間的主要照明。	12,000小時 ／每天點亮8小時 大約可使用4年
無接縫直線型  DN Lighting	●兩端沒有燈座存在，最邊緣的部位也能發光。 ●連接時不會產生燈座的影子，光線均勻無明暗差。 ●構造緊密。 ●有緊密型、高照度型、可調光型等多元的款式。 ●燈具尺寸有500～1500公釐等5種類型。 ●價格為一般FL日光燈的3倍左右。	12,000小時 ／每天點亮8小時 大約可使用4年 (LED無接縫直線型照明的場合為40,000小時／每天點亮8小時大約可使用13年)
LED照明  Panasonic 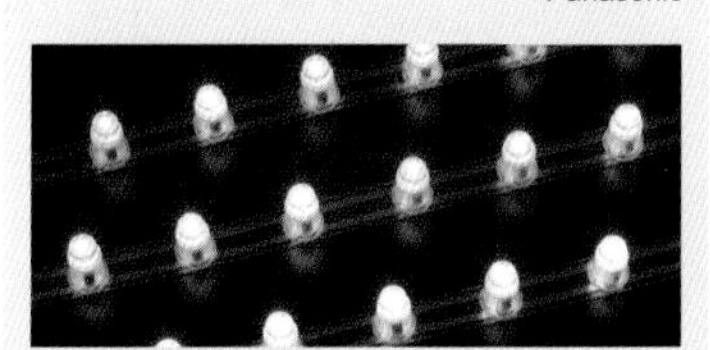 KOIZUMI照明 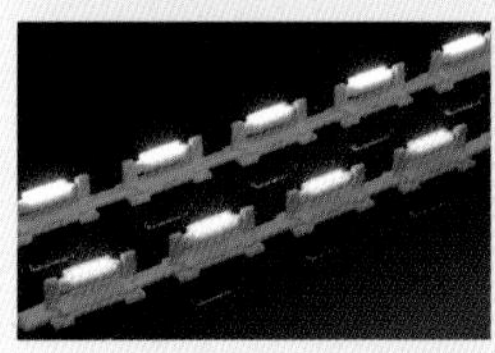 KOIZUMI照明	●裝設所須的空間較小。 ●耗電量低。 ●跟日光燈相比價位較高。 ●有些款式必須另外裝設電源設備，要注意空間是否足夠。裝設時不光是燈體本身，還得考慮到電源裝置。 ●扁條型LED就算只是其中一顆燈泡損壞，基本上也只能以一條為單位來更換。但也有可以在扁條中間分割的類型，後者的場合可以用分割單位來進行更換。 ●LED氙燈(照片左下)可以分別進行更換。 ●大多數廠商都準備有燈泡色、白色、晝白色。 ●跟日光燈相比，扁條型LED的光量較低。但用整體光通量來比較的話，可以得到與其他光源同樣的照度，不過還是得注意呈現出來的感覺會隨著配光而變化。 ●光源下方有箱型構造的燈具型LED，大多為100V。	40,000小時 ／每天點亮8小時 大約可使用13年

強調開放性空間的天花板挑高照明

設計天花板挑高之空間的照明時，必須考慮到裝設之後是否可以交換光源，在選擇燈具時考慮到維修性的問題。另一個重點，是用空間性照明來活用天花板挑高的構造。使用照射面朝上來照向透天構造或挑高之天花板的照明，可以創造出更加具有開放感的空間。

往上照射之壁燈的特徵與注意點

遠藤照明

KOIZUMI照明

往上照射之壁燈的範例。下方裝上壓克力遮罩讓光往下擴散出去的類型，可以同時確保地面的亮度。

- 用高功率的燈具來確保室內整體之亮度的場合，照明器具會變得較為龐大。
- 使用高功率燈具的場合，必須要有相當於白熱燈泡200W到300W等級的光源，可以跟調光器一起使用。
- 可以透過調光機能來降低亮度跟消費電力，提高經濟效益。
- 使用白熱燈泡的燈具較為廉價。
- 住宅照明的場合，燈泡型日光燈或緊密型日光燈的壽命較長、經濟效益佳，使用起來也比較方便。
- 雖然也有販賣高功率的LED燈具，但款式較少、價格也還偏高。

裝設高度

- 裝設在可以進行維修的2,000～3,000公釐的高度。跟天花板之間若是可以維持1000公釐以上的距離，則光線比較容易擴散到天花板上(圖1)。
- 天花板較低的場所光線比較不容易擴散，因此並不合適(圖2)。
- 裝在上方樓層可以觸摸到的位置時，高功率的往上照射的燈具會在表面形成高溫，不小心摸到會造成燙傷，若有物品掉落在燈具上方則有可能釀成火災(圖3)。

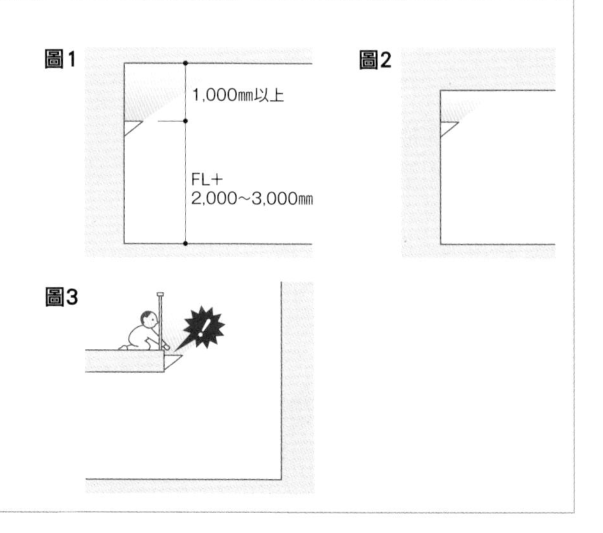

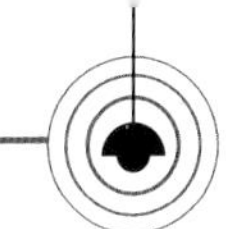

往上照射之投射燈的特徵與注意點

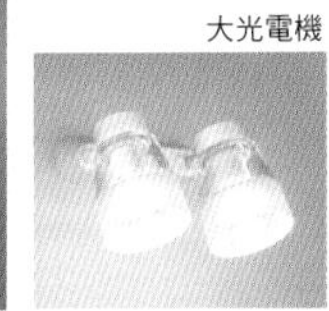

大光電機

兩盞一體成型的款式、照射廣範圍時可以使用的往橫向照射的款式等等，有各式各樣的投射燈存在。

- 在透天的客廳等，想要活用天花板高度又想確保地板照度的場合，可以使用能夠任意調整方向的壁燈型投射燈。
- 裝設時若是分散在牆壁上，會讓側面也被照到，突顯出燈具的存在感(圖1)，可以增加裝設的數量，或是使用兩盞一體成型的款式，以免影響到透天空間給人的開放感(圖2)。

圖1

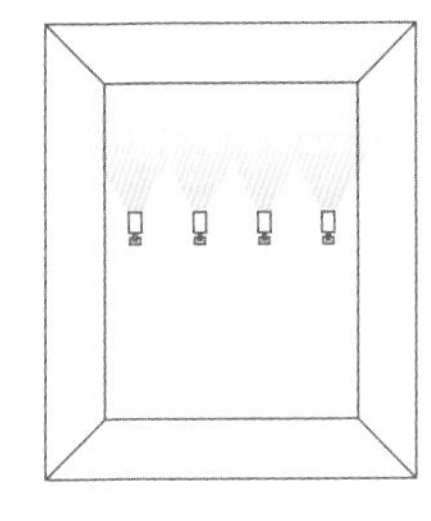

圖2

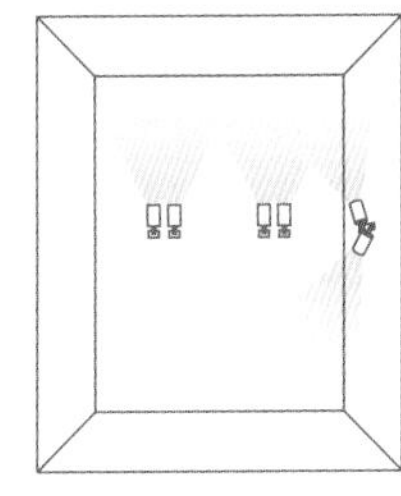

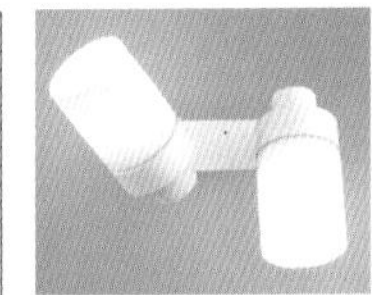

KOIZUMI照明

吊燈的特徵與注意點

KOIZUMI照明

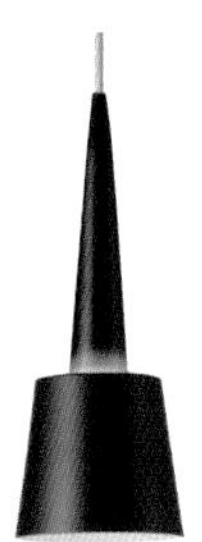

YAMAGIWA

在吊燈的場合，配光會隨著燈具造型跟光源的種類而改變。想讓整個空間亮起來的場合，可以選擇整體都會發出光芒的款式(左方照片)，只想照射桌面的場合，可以使用往下發出強烈光芒的款式(右方照片)等等，按照需求來選出最為合適的燈具。

- 燈罩使用「和紙」等較為輕盈的材質時，有可能因為空調所吹出的風而晃動，必須多加注意裝設的位置。
- 玻璃球燈具的場合，若是裝在靠近牆壁的位置，有可能在地震時撞到牆壁，產生破裂的危險。
- 在小孩房間等會有孩童玩耍的空間，最好避免玻璃球等容易破裂的材質露出在外。

裝設的技巧

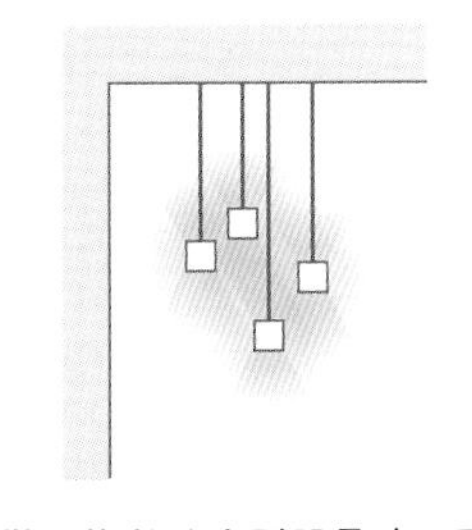

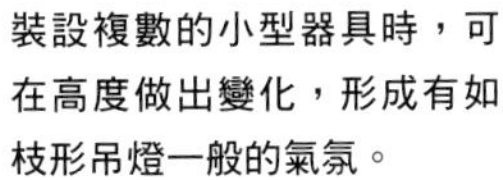

裝設複數的小型器具時，可在高度做出變化，形成有如枝形吊燈一般的氣氛。

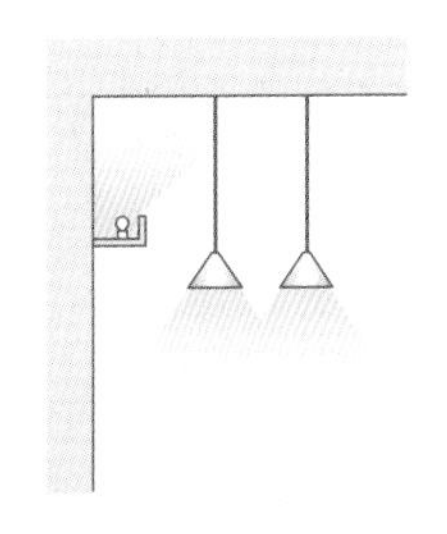

裝有遮光燈罩的吊燈，光是這樣會讓天花板太暗，因此跟間接性照明組合。

用位置較低的照明來創造出豪華的空間

為了有效確保桌上跟地面的亮度，一般會將照明器具裝在天花板或牆壁上。而在自然光的場合，光線也是從上往下照射，因此日常之中很少可以體驗到從下往上擴散等來自位置較低的光線。也正因為如此，非日常的感覺也特別的強烈。住宅的場合，將來自於低處的照明當作點綴，可以創造出有如高級飯店的客房或大廳一般的高級又沉穩的氣氛。

1 埋入地面之往上照射的光源
2 利用地面高低差之間接照明
3 形成影子或剪影之照明
4 埋設在屋內木工裝潢之中的腳燈。
5 放置型的地面燈
6 融入家具之中的間接照明

埋入地面之往上照射的光源（1）的特徵與注意點

Panasonic

- 與放在地板上的照明器具不同，燈具本身沒有存在感。
- 裝在踏板樓梯的下方，可以讓光從樓梯板之間穿過，將影子照到牆壁上來突顯出樓梯的立體感。
- 必須在地板開孔，裝設時要避開地板的擱柵。
- 不可用在有可能會沾到水的地點。
- 裝設位置靠近地板暖氣施工部位，或是用地毯蓋住燈具等等，都有可能會導致火災發生，有安全方面的限制。
- 光源最好是10W左右的日光燈，表面溫度較高的白熱燈泡有可能造成燙傷，必須避免。
- 隨著燈具種類不同，可以使用3～5W左右的LED來當作光源(照片中的燈具並不對應)。
- 連續裝設的場合，必須考慮配光來變更燈具的間隔。光打在牆上所呈現出來的感覺，請參閱第65頁Wall Washer落地燈或狹角型落地燈的使用方法。

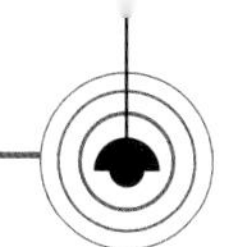

將間接照明、腳燈融入高低差、屋內木工裝潢、家具（2·4·6）的注意點

①裝到高低差內

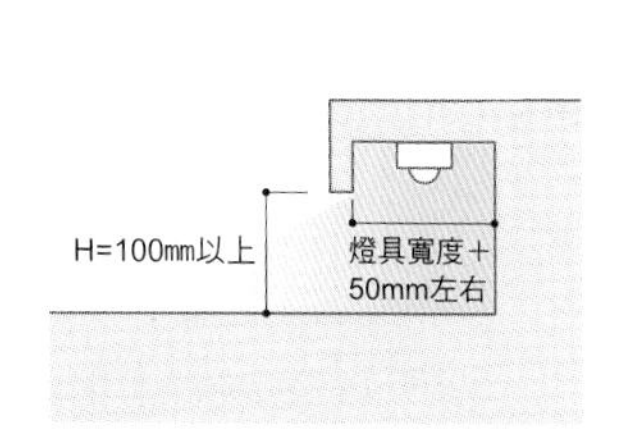

利用高低差所形成的間接照明，就安全方面來看也相當良好。特別是有高齡者生活的住宅，可以防止絆倒或跌倒。

②裝到屋內木工裝潢之中

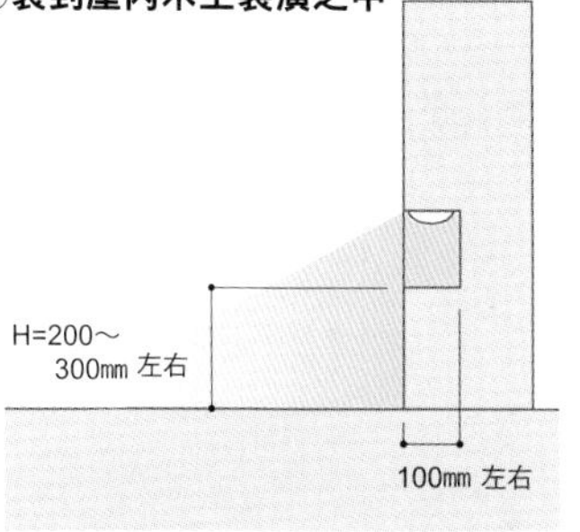

裝到屋內木工裝潢之中的腳燈擁有良好的施工性，價格也較為低廉，被當作腳邊的照明來使用。

③裝到家具之中

前方門
裝上與前方門
分開的擋板
空間的死角

將照明器具裝到家具之中的手法。必須另外裝設電源的場合，可以利用空間的死角。

①裝到高低差內的間接照明

- 必須跟建築計劃一起進行設計。
- 高低差的開口部位，最少要有100公釐的高度。
- 10W／m左右的LED桌燈就可以得到充分的光通量，但LED大多得另外裝設電源，有可能因為電源的體積使高低差增加。使用包含電源裝置在內的100V的燈具，可以形成緊密的構造。
- 無接縫等類型的日光燈的場合，燈具尺寸除了會使高低差增加之外，亮度也有可能過高。
- 地面有光澤的場合，會讓照明器具產生倒影，必須避免。

②裝到屋內木工裝潢之中的腳燈

- 必須配合建築計劃來設計照明的方式。
- 必須將燈具埋入，因此屋內木工製品的尺寸必須超過燈具的寬度。燈具的尺寸大多是D＝100公釐左右。
- 光源適合使用10～15W左右的日光燈，或1～3W左右的LED燈。

③裝到家具之中的間接照明

- 必須配合建築計劃來設計照明方式。
- 配合家具使用上的方便性，來調整照明器具的收納空間。
- 將電源裝在空間死角的場合，必須是可以進行維修，又能進行散熱的構造。
- 裝到櫃子等家具之中的場合，必須是將門打開時燈具不會被看到的構造。
- 地面有光澤的場合，會讓照明器具產生倒影，必須避免。

形成影子或剪影之照明 (3) 的特徵與注意點

- 與室內植物等其他擺設來進行組合的照明手法，在腳邊加裝小型的投射燈來往上照亮。
- 隨著照射對象的不同，讓牆壁上出現各種不同的影子。
- 將照明裝在植物後方只將牆壁照亮，可以讓植物的剪影浮現等等，變更照明位置可以實現不同的演出手法。
- 為了不讓光源直接被看到，必須注意燈具的方向。
- 光源使用10W左右的燈泡型日光燈，或是3～4W的燈泡型LED(燈座：E17)即可。
- 白熱燈泡的場合，葉子會因為光源所發出的熱而受損，因此並不合適。
- 比較簡單的方法，是將夾掛式的燈具裝到盆栽上，這樣也能得到充分的效果。

如何選擇放置型的地面燈 (5)

Panasonic

日本自古以來就有「行燈」這種用來照亮地板的放置型燈具，將照明器具放在地板上的手法從以前就已經存在。

KOIZUMI照明

日本的住宅與歐美相比天花板較低，坐在椅子上提高視線高度的話，大多會產生壓迫感。位置較低的照明可以放低重心，視線也自然而然往下移動。

- 放置型的燈具容易進入視線之中，要避免亮度過高的款式，否則容易給人不愉快的感覺。
- 不是用來確保房間整體的照度，因此光量不用太高，讓人享受光線從燈罩或球體之中透出來的感覺。
- 易掌控的光源亮度，建議用相當於60W左右的燈泡型日光燈或LED。
- 白熱燈泡所發出的熱度較高，要避免直接擺在地面上的類型。
- 家中若是有小孩跟寵物可能會讓玻璃製的燈具損壞，裝設昂貴的照明器具之前要檢討是否安全。
- 進行照明計劃時要將地面燈也算進去，並在地面燈的附近裝設插座。

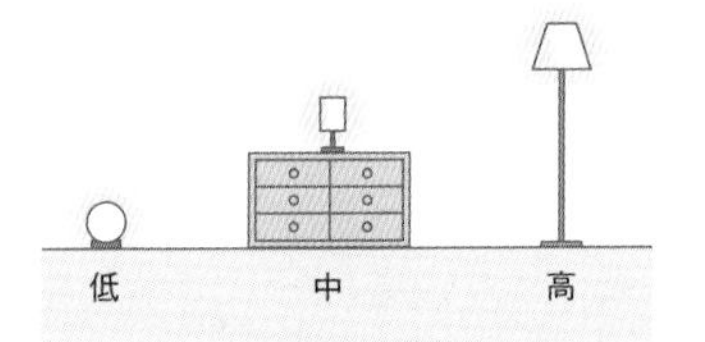

在客廳等寬廣的空間之中，裝設高度不同的地面燈可以讓室內產生節奏感，突顯出空間立體感的感覺。

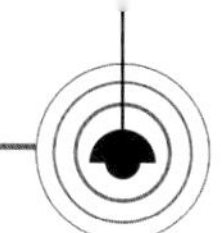

照射牆壁來創造出明亮的空間

牆壁是日常生活之中最容易進入視線的構造面。因此照亮牆壁等於是增加進入視線之中的光線，就算地面照度較低也能讓整體空間得到明亮的感覺。牆壁的照明方式決定一個房間整體的氣氛，這樣講可說是一點也不為過。

在53頁～我們介紹了使用間接照明的手法，在此將介紹間接照明以外的方式。

壁燈的特徵與注意點

往上的照明跟照亮枕邊的投射燈一體成型的款式。 大光電機

燈具上下都會發出光芒的款式。 大光電機

- 燈具造型豐富。
- 分成燈具整體發光的類型，跟燈具上下發出光芒的類型，必須依照想要呈現的方式來選擇。
- 從燈具上方發出光芒的場合，必須考慮到刺眼的程度來選擇裝設位置。
- 優先考慮家具的位置，不可損害到生活上的方便性。
- 注意光所發出的方向跟抵達天花板還有牆壁的距離。

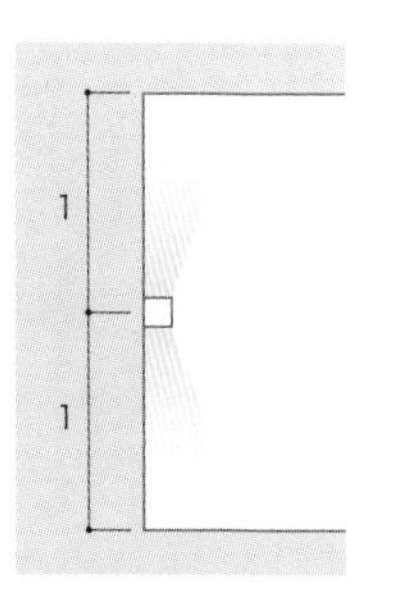

上下都會發出光芒的類型，最好裝設在地板跟天花板的中間。

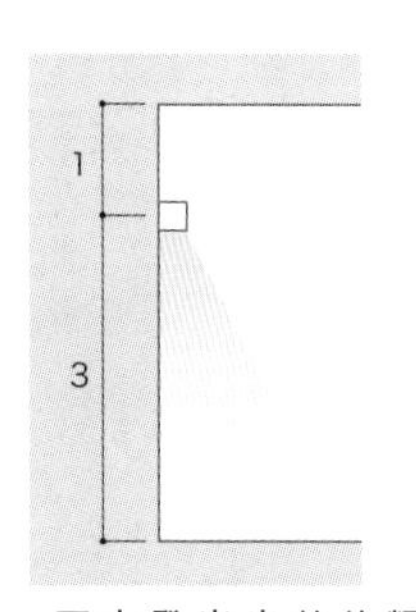

下方發出光芒的類型，最好裝設在1比3左右的高度。

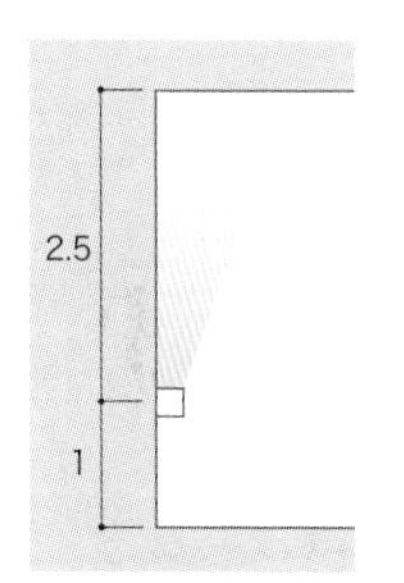

上方發出光芒的類型最好裝在1比2.5左右的高度，注意不可以太低。

裝設時的注意點

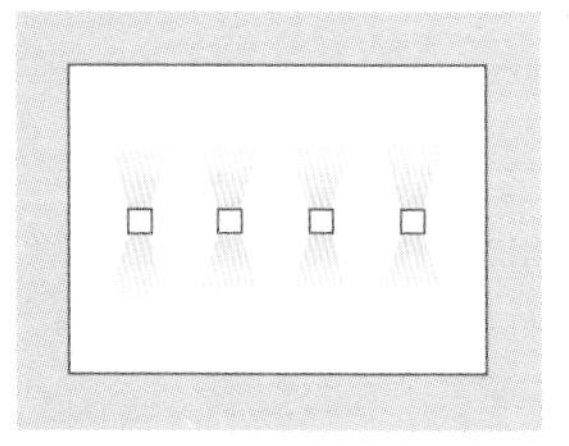

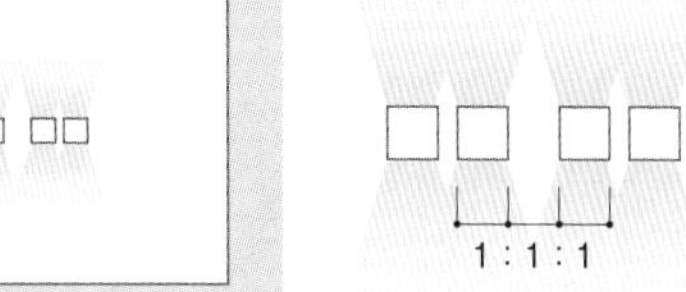

- 均等配置可以形成中間保留一些間隔的氣氛，牆壁上的亮度也比較朦朧。
- 就算燈具數量相同，2盞集中在一起配置會形成比較緊湊的空間，牆壁也會變得比較亮。兩組之間的間隔可以調整為1盞燈具左右的寬度。

投射燈的特徵

Odelic

- 裝在天花板上來將整個牆壁照亮的場合，可以使用燈泡型日光燈或擴散型LED燈泡。
- 往上照射來照亮牆壁上方的場合(Upper Light)，請參閱第59頁。

基本落地燈的特徵

大光電機

- 從將一般廣角的落地燈裝在靠近牆壁的位置，不但會形成明顯的Scallop(參閱11頁)，還會讓整體處於朦朧的感覺，因此必須用狹角的落地燈才能在牆上打出較強的陰影。

裝設位置

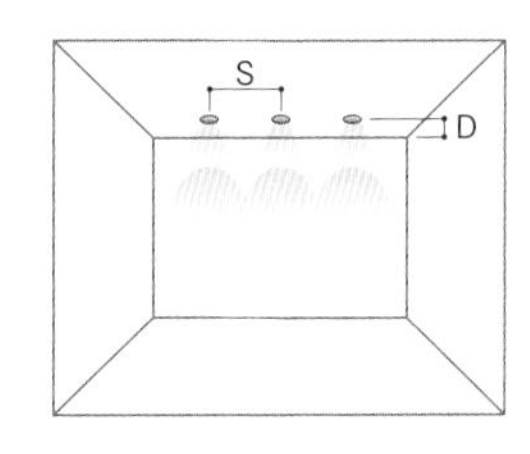

- 只想照亮牆壁的場合，可以裝在距離牆壁250公釐左右的位置。D＝1,000公釐左右會讓光像左圖這樣打在牆壁上。
- 燈具的間隔(左圖S)將決定Scallop會重疊到什麼程度。
- Scallop的形狀，可以參考產品目錄上的配光圖。

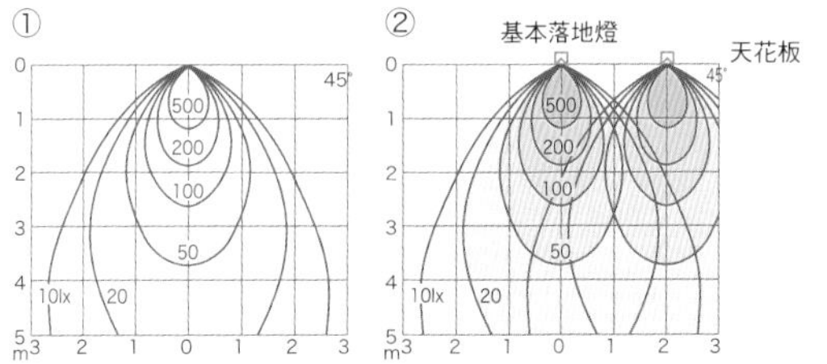

①是配光圖的範例。用代表光芒的曲線跟網格，來決定燈具裝設時的間隔。燈具之間的間隔為2公尺的場合，Scallop會像圖②這樣重疊。間隔越長，Scallop重疊的部分也越少。

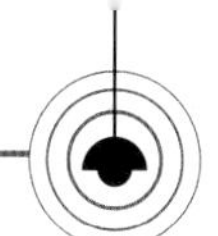

Wall Washer落地燈的特徵

- 不用將燈具裝在牆壁上，也能得到均等的光芒。
- 在照射範圍內掛上繪畫或照片，可以有效的進行呈現，創造出有如美術館一般的氣氛。
- 天花板跟地板完工之後的顏色若是比照射面暗，會形成牆壁浮起來一般的感覺。
- 適合使用的光源有氪燈泡、燈泡型LED、燈泡型日光燈等等。

裝設位置

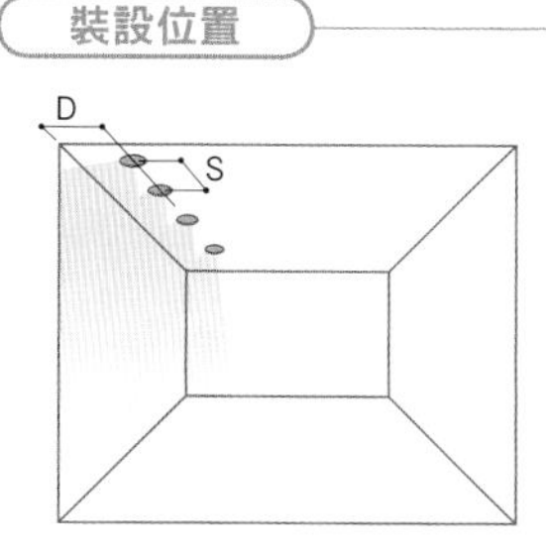

- 燈具與牆壁的距離(左圖D)為800～1,000公釐以內。
- 燈具的間隔(左圖S)是與牆壁距離的1～1.5倍左右。
- 配光會隨著燈具種類而變化，選擇時要參考產品目錄的配光圖。

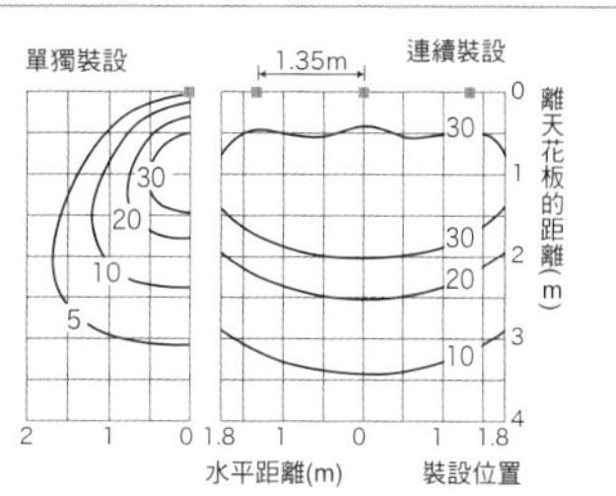

將使用60W迷你氪燈泡的Wall Washer落地燈，裝在距離牆壁0.9公尺的位置時的配光圖。右方是將3座燈具以1.35公尺的間隔裝設，左邊是單獨裝設時的照度分佈。

狹角型落地燈的特徵

- 主要用在距離較長的走廊上。
- 連續性的光源可以形成獨特的演出。
- 可以照亮牆壁跟地板的連接面，走廊寬度若是只有3公尺左右，則只要照射單邊的牆壁就能確保充分的亮度。

距離牆壁300公釐左右，以大約1,000公釐的間隔裝設無眩光LED落地燈，藉此去除燈具存在感的例子。

立燈的特徵

大光電機

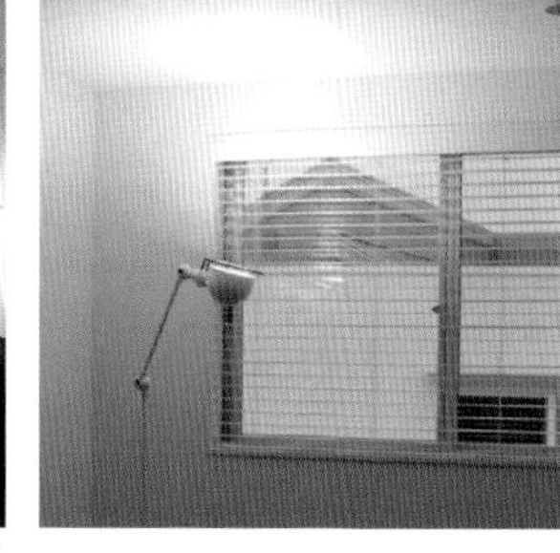

特徵

- 照射牆壁最為簡單的方法。
- 移動方便，只要插到不同的插座上，就能照射任意的牆壁，讓人可以配合家具的擺設來改變照明的位置。

用面發光的照明來進行空間性的演出

對於宅的內部來說，面發光屬於比較沒有那麼普遍的照明手法。但局部性的使用光牆、發光的天花板、發光的地板，或是依照客戶要求用在展示空間來進行呈現時，可以形成非常有效的演出效果。光源建議使用種類越來越充實，價格也漸漸降低的LED燈。使用面發光來當作照明時的重點，在於如何均等的呈現，在此針對這點來進行介紹。

在發光面後方裝設光源時的特徵與注意點

支撐遮罩面板的部位若是採用透明壓克力材質，比較不容易形成陰影。

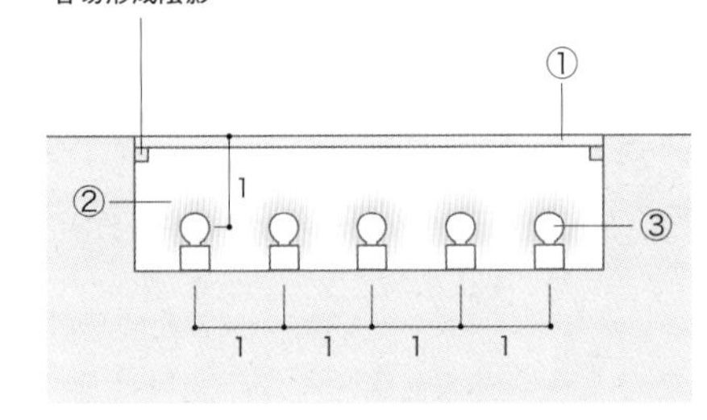

- 發光面的亮度較高。
- 發光面會使用乳白色的壓克力板，或是乳白色的毛玻璃。
- 讓發光面均等的重點，在於不論是天花板、地板、牆壁，面板到光源的距離與光源的間隔維持1：1的關係。
- 就算維持在1：1，呈現出來的感覺也會因為光源的種類、前方面板、背後的空間等條件而變化，若想進行更加精準的照明計劃，必須製作木製模型實際進行觀察。
- 光源可以使用57頁「適合當作間接照明的光源」所介紹的扁條型LED等等。

①前方面板的規格

- 大多會用乳白色毛玻璃(乳白色磨砂玻璃)或乳白色壓克力，來當作讓光透過的素材。
- 若只是想讓展示櫃等較為狹窄的面積發光，乳白色壓克力是相當合適的選擇。
- 面板太薄有可能會彎曲，讓內部的光源透過，被人所看到，最好使用厚度5mm左右的類型。
  若是必須承受負荷，則要加以考慮這點來進行選擇。
- 壓克力板因為靜電的關係容易使灰塵附著，要避免裝在容易骯髒的場所。

②內部規格

- 基本上只要塗成消光的乳白色，正面就可以均勻的發光。

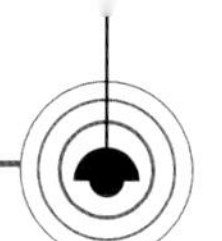

③光源

- 會以蓋上面板的狀態來使用，適合使用光源發熱較少、維修頻率較低的LED燈或日光燈。
- LED燈具本身厚度較薄，可以減少背面所須的空間。

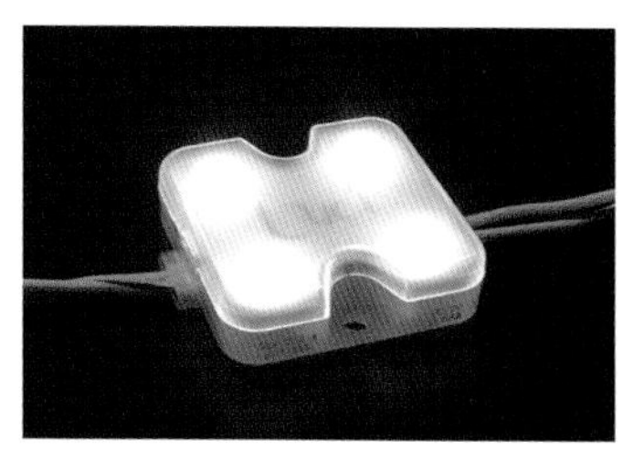

可以使用100V交流電的小型LED模組，除了4盞燈的類型之外，還有2盞燈的款式可以讓人選擇，配合各種裝設上的需求。

PROTERAS

薄且可以彎曲的LED燈。用在弧形牆壁或圓柱的發光面上。

PROTERAS

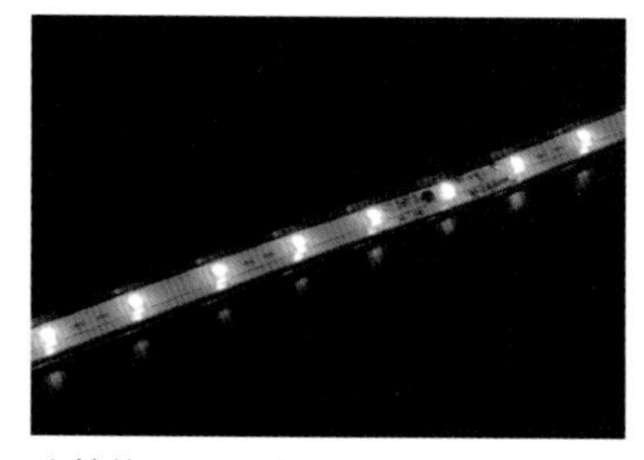

直接使用100V交流電的面發光用扁條型LED，也不須要變壓器。

PROTERAS

導光板會在發光面的側邊裝設光源

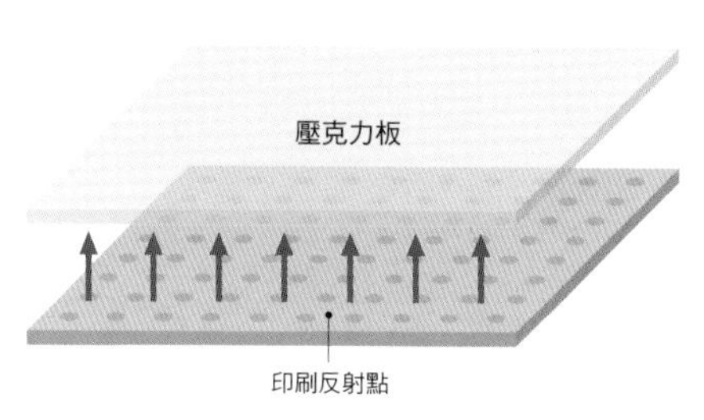

印刷反射點等等，對壓克力板的單面進行特殊加工。

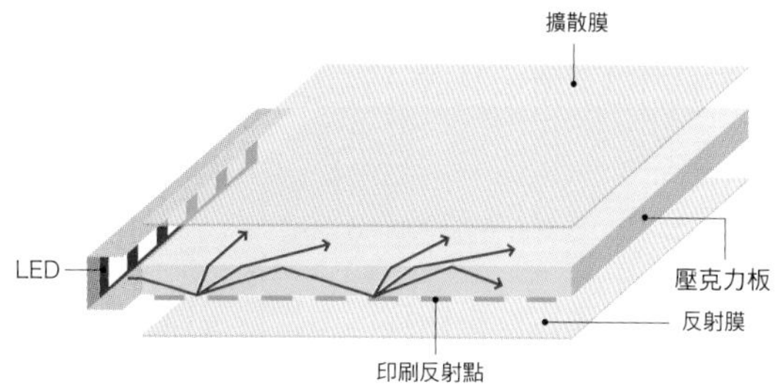

用反射膜與擴散膜來跟壓克力版組合。裝在側面的光源所發出的光線，會在內部持續反射讓表面發光。

SA Light Guide(R)／住化ACRYL販售

- 光源會使用小型LED。
- 可用最低限度的光源來實現面發光。
- 不適合讓大面積發光。
- 面板中央是最暗的部位，部分款式會在四邊都裝上光源、變更四周與中央反射點的大小，盡可能得到均等的亮度。

將照明融入家具之中使照明器具的存在感消失

當建築設計在設計屋內的木工家具時，建議可以一併思考照明。事後設計的照明不論再怎麼努力，都無法使燈具本身的存在感完全消失。如果可以融入室內的木工家具之中，則可以讓居住者在得到適當的照明之下，又不用去在意燈具的存在感，實現完成度更高的室內空間設計。

照明器具的收納方式與注意點

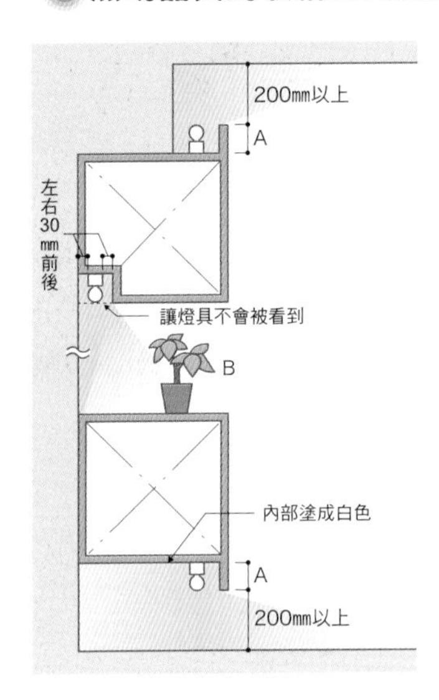

- 裝到家具上方或下方時，必須考慮到天花板跟地板的表面材質。若是比較容易反光，很可能會形成燈具的倒影。
- 擋板的高度，大約是燈具＋5公釐左右(圖內A)。
- 若是照亮櫥櫃後方，可以讓前方擺設的物品有如剪影一般的浮現(圖內B)。
- 在電視後方照亮銀幕大約一半的範圍，可以減少畫面跟背後亮度的落差，眼睛也比較不容易疲勞。
- 用乳白色壓克力將燈具蓋住的場合，必須開幾個直徑約15公釐的孔，讓光源所發出的熱排出(下圖C)。
- 燈具與家具或牆壁的間隔，大約是燈具寬度＋左右各30公釐。但如果是使用LED等小型光源的燈具，則必須空出各100公釐左右，當作維修用的空間(圖內D)。

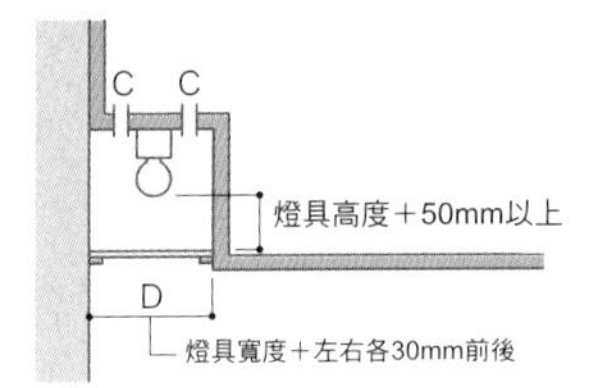

用調光器實現節能與高壽命

調光器可以讓照明的亮度產生強弱變化，配合生活使光亮成為一種演出效果。而調光另外還可以降低消耗電力，延長光源的壽命。一般來說，透過調光將白熱燈泡的亮度調整為負10%，可讓消耗電力減少10%、壽命延長到2倍。調整為負20%的話，則可讓消耗電力減少20%、光源壽命延長到4倍。調光器規定有可控制燈具數量(負荷容量上限)，單一的調光電路不能無上限的與照明器具連結。

白熱燈泡調光的特徵與注意點

- 亮度減弱會讓色溫跟著下降，成為帶有紅色的光芒。
- 調光器本身價位比較低廉。
- 配線作業只須電線就能完成。
- 可0～100%無段式調光。

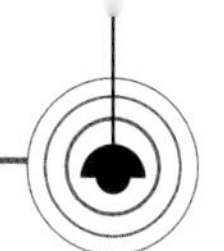

調光方式

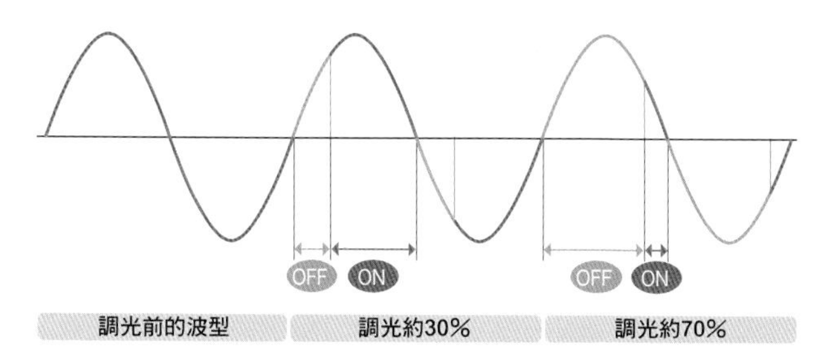

白熱燈泡的調光方式被稱為相位控制，透過調光器內部的半導體，依照電源的頻率迅速重複開燈／關燈的步驟。關燈時間較短則亮度較高，較長的話則亮度較低。

白熱燈泡的調光器與負荷容量上限的範本

KOIZUMI照明

外殼種類	負荷容量上限	
	單獨裝設	連續裝設
金屬外殼	100~800W	100~640W
樹脂外殼	100~640W	100~400W

基於構造上的關係，有數%的能量會被當作熱來釋放出去，開關打開時會使溫度提高。裝設調光電路的牆內機殼分成金屬跟樹脂兩種，兩者負荷容量的上限有所差異。將複數的調光器排在一起裝設時，必須壓低負荷容量的上限來計算瓦數。

日光燈調光器的特徵與注意點

- 用PWM調光信號來進行控制，須要專用的調光器(PWM調光器)。
- 調光範圍在5～100%之間。
- 跟白熱燈泡相比，從60%左右開始漸漸變暗，在40%左右突然的變暗，調光的感覺並不順暢。
- PWM調光器必須要有電線跟調光用的信號線。
- 必須選擇可以對應調光的燈具。
- 調光器的價位高達數萬日圓，再加上配線材料與施工費用、專用設備等等，跟白熱燈泡相比價位並不便宜。

LED調光器的特徵與注意點

- 燈泡型LED、瓦數較小的LED，跟白熱燈泡一樣採用相位控制，瓦數較大的類型大多是燈具本體、電源、LED一體成型的PWM方式。
- 必須使用已經測試過的、由廠商建議使用的調光器。
- 調到低照度時將燈打開，會無法讓光源亮起。
- 光源會在將調光器的轉鈕轉到最低之前熄滅。
- 在低照度進行調光時，微小的電壓變化也會讓光源熄滅。
- 在低照度進行調光時，光源有可能會出現不斷頻閃(參閱第11頁)的現象。

COLUMN

光所造成的傷害

在我們生活的環境之中，很意外的，有許多東西對光非常的敏感。比方說紡織品、板畫、水彩畫、照片、染色皮革等等。這些物品在光所含有的紫外線、紅外線、可見光的影響之下，會出現變色、混色等不良的影響。在進行照明計劃時，除了照明器具跟光源之外，還要好好掌握光線照射的對象，注意不可造成任何的損害。

太陽光的波長

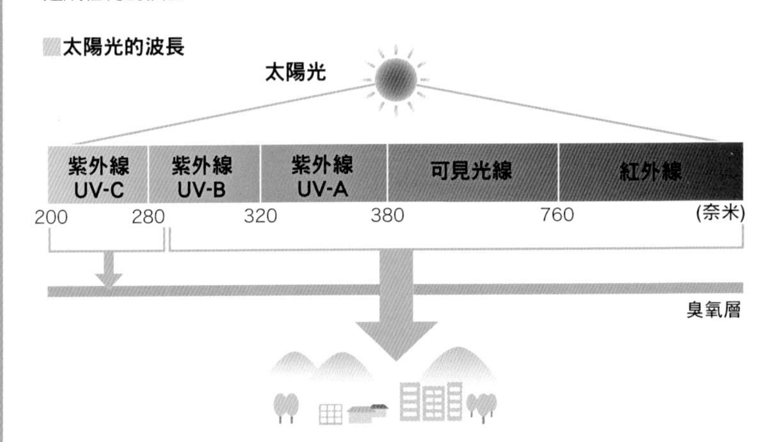

太陽光由紫外線、可見光、紅外線所構成，在這之中只有可見光能夠被肉眼所看到。除了太陽光之外，日光燈這些光源也會發出紫外線。

光與室內裝潢、身體的關係

各位是否曾想過，室內裝潢對於人體造成的影響呢？首先讓我們假設某個房間的室內裝潢以黑色為主。黑色會吸收光，讓光無法反射。既然不會反射，光也不會進入眼睛。這讓眼睛所承受的能量降低，體內所得到的能量也跟著減弱，腦部下視丘隨之衰退。結果讓自律神經變弱，甚至可能導致內臟衰弱。
因此如果想過健康的生活，在設計室內裝潢時或許得使用較多明亮的顏色。

分光反射率曲線

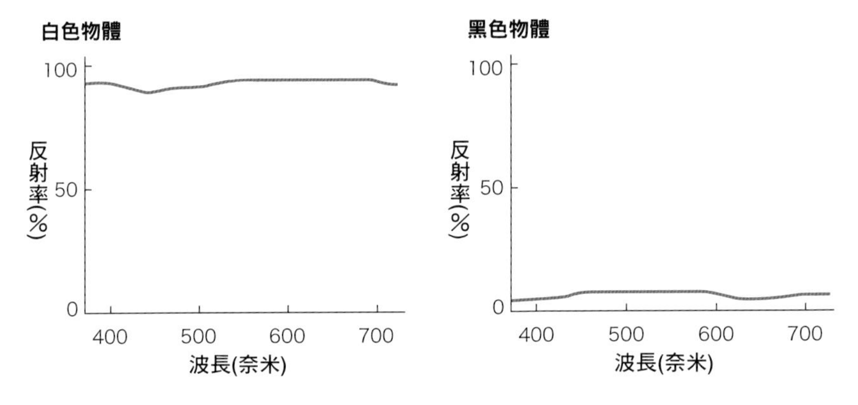

上圖是物體所會反射的各個波長的光線。白色會以極高的比率來反射所有的波長，相較之下黑色的反射率，不論是在那個波長之中都非常的低。這代表黑色幾乎將所有波長的光線都吸收起來，讓光無法反射回去。

Part 4

不同區域的照明設計重點

不同區域的照明設計重點

在此針對住宅內各個不同的空間，具體提出照明計劃的重點跟注意事項。思考建築設計之計劃案時，最好在初期階段就準備好照明計劃，融合建築設計與照明計劃，創造出調和生活與光線的住宅。

客廳、飯廳會依照不同的場景來使用照明

客聽、飯廳是家族團聚的場所，但有時也會用來款待客人。像這樣事先已經得知會有不同用途的場所，必須以複數的使用目的為前提來進行設計，建議使用可以讓空間產生變化的多燈分散的手法。

具體來說，會在身為主軸的餐桌上方裝設吊燈。雖然用燈具的數量與燈具的配置方式來改變氣氛，但亮度必須以300勒克斯以上為基本。牆壁則是用落地燈來進行重點性的照明，組合地面燈或建築化照明，形成沒有閉塞感的空間。對於天花板、牆壁、地板，則是改變照射的區塊，盡可能不讓特定部位太暗，避免讓氣氛有所偏差。

1房1燈與多燈分散所呈現的感覺

1房1燈

Panasonic

使用天花板燈的1房1燈所呈現出來的感覺。室內亮度均等，成為普遍但沒有特色的氣氛。

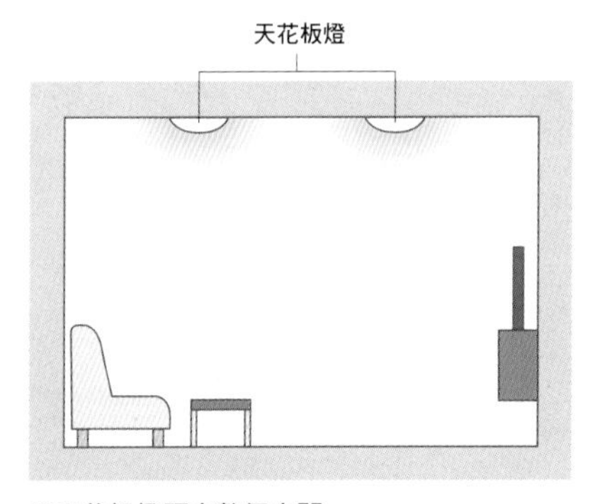

用天花板燈照亮整個空間。

多燈分散

Panasonic

將照明裝在各種高度跟場所，跟1房1燈相比，遠近的立體感更為明顯。另外還可以按照用途來選擇哪些照明器具要開還是要關。

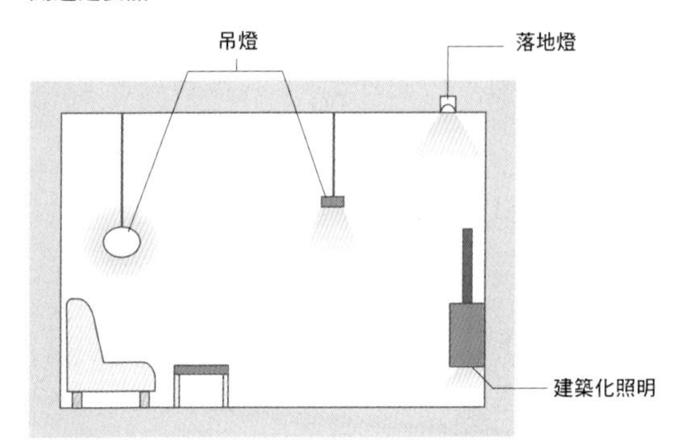

牆壁跟桌子上方等等，從各種高度來照亮特定的空間。

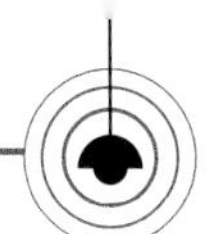

選擇性的使用整體照明與間接照明

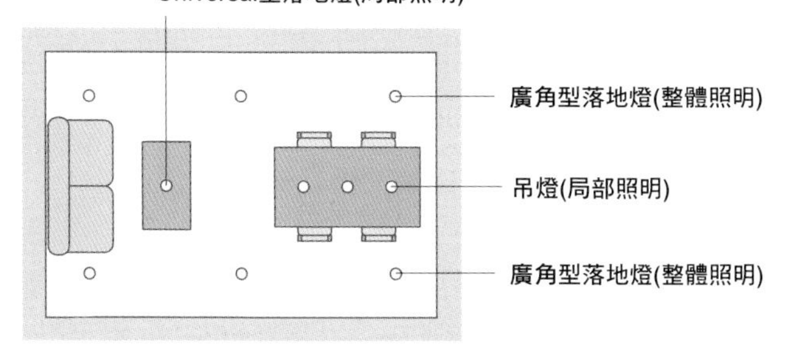

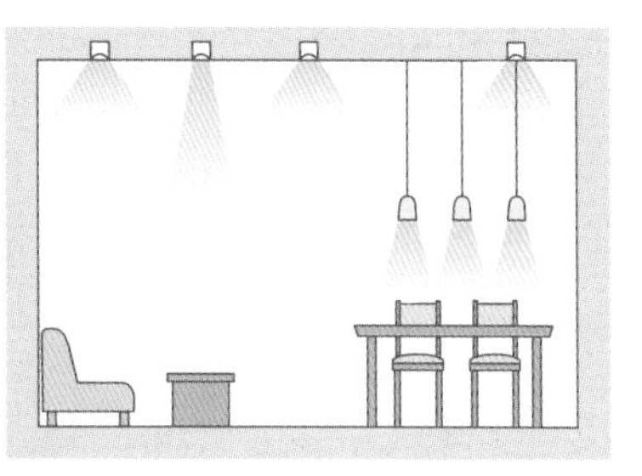

- 廣角型的落地燈比較適合當作整體照明，確保50～100勒克斯的平均地板照度。
- 事先想好房間的各種使用方式，將開關分成客廳與飯廳，並裝設調光器。
- 就算是同樣的照明，也會在天花板、牆壁、地板的影響之下給人不同的印象，室外幾乎沒有亮光且不拉窗簾的場合，光線幾乎穿過玻璃不會出現反射，因此室內會變得比較暗。

掌握配置燈具的基本原則

①在餐桌上方使用吊燈。

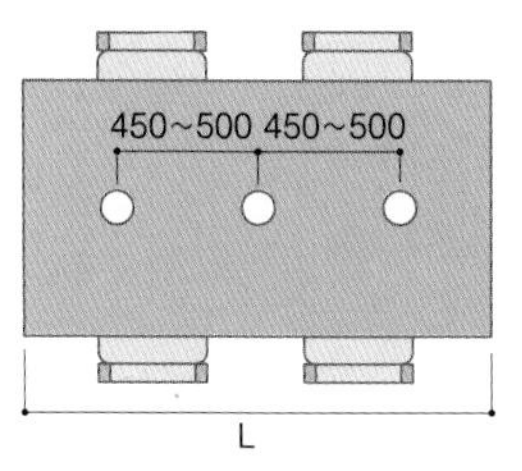

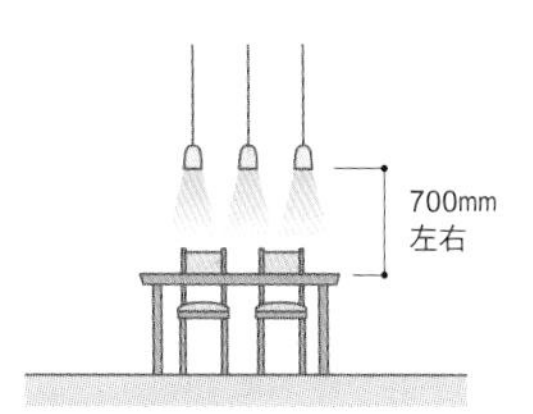

- 照明器具的直徑，可以將桌子長邊(L)的3分之1左右當作基準。

例：L＝1,500mm＝ϕ500mm的吊燈1盞

- 排列複數燈具的場合，可以用桌子長邊(L)除以燈具數量，以商數的3分之1當作基準。
  例：L＝1,500mm÷3×1／3＝ϕ160mm
- 裝設配線槽(軌道)的話，就算改變桌子的大小跟位置，也能簡單的追加、移動照明器具，對應起來相當方便。

- 燈具吊掛的高度，必須考慮到坐下時是否可以看到對方的臉。
- 將桌面的照度調整為200～500勒克斯。

②使用落地燈

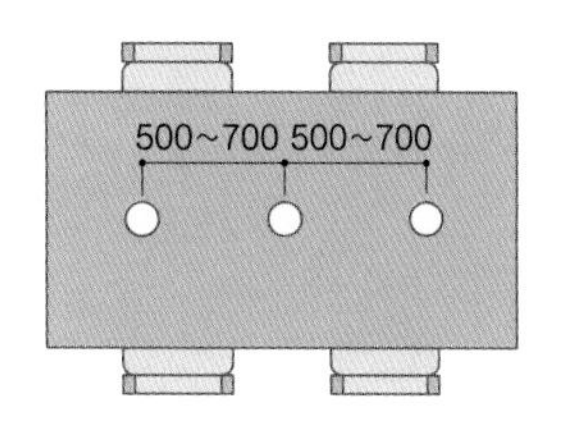

- 在桌子上方以較近的間隔裝設2～4盞燈具，讓桌面可以得到200～500勒克斯的照度。
- 要是有Universal型落地燈或落地式投射燈，可以調整照射的角度來對應不同的狀況。

依照場景對客廳、飯廳進行調光

多燈分散的場合，可以透過調光的組合來實現多元的演出手法。
以下是依照不同的場合來分配亮度的範例之一。

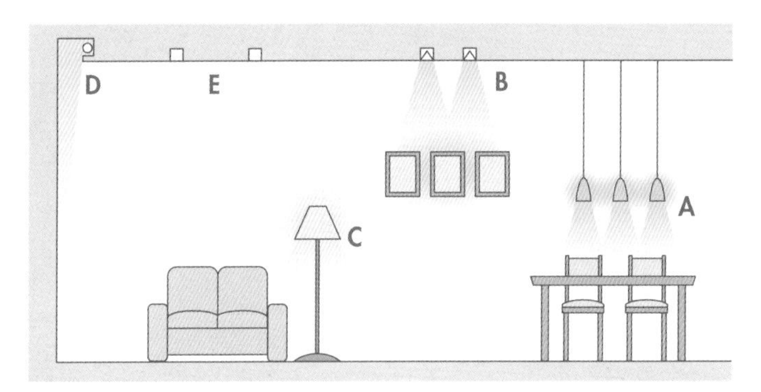

①**晚餐時**

- **A** 餐桌上的吊燈100%
- **B** 照射牆壁的落地燈80%
- **C** 地面燈50%
- **D** 牆壁面的間接照明80%
- **E** 基本落地燈0～20%

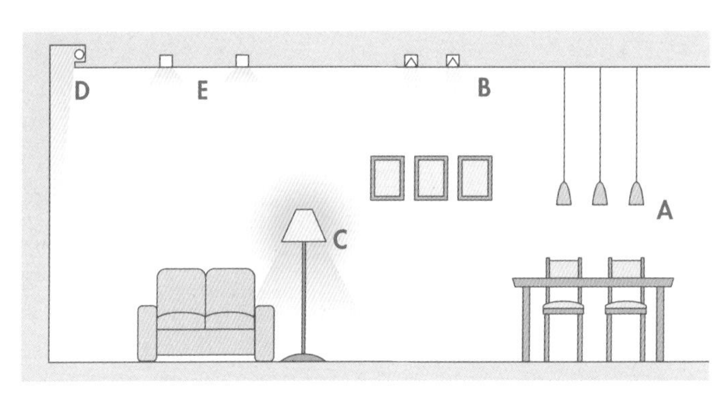

②**團聚時**

- **A** 餐桌上的吊燈0～20%
- **B** 照射牆壁的落地燈30%
- **C** 地面燈80～100%
- **D** 牆壁面的間接照明80%
- **E** 基本落地燈20～100%

※基本落地燈的位置依活動的場合來調整

客廳、飯廳的照明案例

沒有使用吊燈，但是將落地燈重點性的裝設在餐桌等人所聚集的場所，藉此來確保桌面上的照度。

用光照射牆壁面，形成沒有閉塞感的客廳、飯廳。

KOIZUMI照明

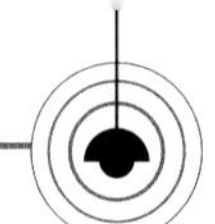

廚房的照明器具有機能上的分擔

廚房並非只是純粹用來進行調理的空間，有時也會在此享用早餐，或是跟友人談笑、閱讀。因此照明也必須從機能與氣氛這兩方面來進行追求。

廚房的照明基本上會用整體照明與局部照明來進行組合。局部照明一般會在流理台上方，吊掛式廚櫃的底部裝上廚房用的20W管狀日光燈。考慮到刺眼跟清潔等要素，最好選擇附帶壓克力遮罩的燈具。為了進行調理等較為細緻的作業，流理台必須有300～500勒克斯的照度。

照亮整個廚房的整體照明，則是選擇管狀日光燈或落地燈。落地燈的間隔一般會跟走廊或客廳相同，但考慮到廚房內餐具等瑣碎的物品，建議可以追加一盞額外的落地燈。在這個場合，天花板跟牆壁理想的反光度為50%左右，這樣可以確實將收納櫃、碗櫥照亮，成為適合享受午茶的氣氛。

燈具的基本配置為整體照明跟局部照明

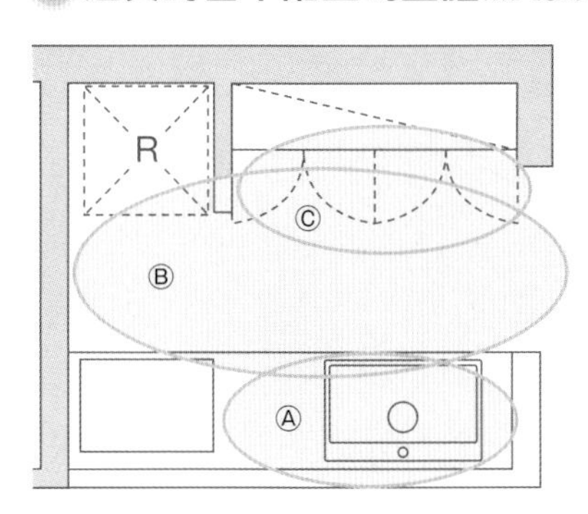

- 廚房的照明大多由以下3者所構成
  Ⓐ流理台的局部照明
  Ⓑ廚房的整體照明
  Ⓒ收納的局部照明
- Ⓐ一般會使用日光燈或LED的落地燈。
- Ⓑ用日光燈或廣角型落地燈來確保廚房整體的照度。
- Ⓒ會使用投射燈或Wall Washer型的落地燈，讓人可以確認收納之中瑣碎的物品，能夠調光的話更為方便。

①有牆壁跟吊掛式廚櫃的場合

- 裝在吊掛式廚櫃下方的照明，跟眼睛比較接近，必須裝設擋板以免出現刺眼的感覺，也可以使用附帶燈罩的照明。

②開放式廚房的場合

- 選擇燈具時必須同時考慮來自客廳的視線。
- 使用投射燈或落地燈的場合，最好是可以確保手邊照度的狹角型燈具。
- 可以調整角度的照明器具會相當方便。

注意照明器具的裝設位置

整體照明用的落地燈，建議使用燈泡型日光燈或擴散型LED。鹵素燈泡或集光型LED會形成比較強烈的陰影，使用起來比較不方便。

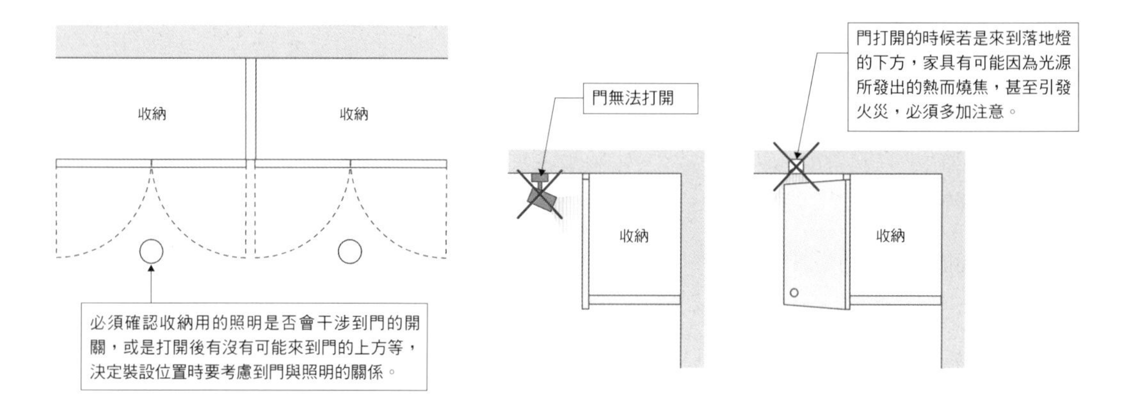

門打開的時候若是來到落地燈的下方，家具有可能因為光源所發出的熱而燒焦，甚至引發火災，必須多加注意。

廚房照明的範例

沒有吊掛式廚櫃的場合，可以在調理台與流理台上方裝設落地燈或吊燈，讓手邊得到300～500勒克斯的照度。

位置跟抽油煙機比較接近的落地燈，可以裝上容易清理的面板。

比其他生活空間多出一盞額外的燈具。

建築設計／連合設計社市谷建築事務所
攝影/伊藤トオル

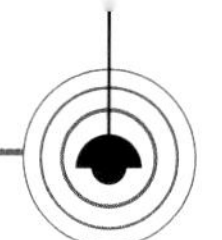

化妝室、浴室的照明必須注意影子

一邊洗澡一邊聽音樂或看電視，已經不再是罕見的行為。配合這股風潮，浴室照明不再只是照亮空間的乳白色玻璃球，開始出現高性能防水投射燈這些裝飾性較強的款式。

另外則是洗臉台、浴室所不可缺少的鏡子。為了讓鏡子內的倒影更加美麗，一般會在鏡子周圍裝上低瓦數的霧面白熱燈泡(乳白色玻璃球的白熱燈泡)，但這樣視覺上會給人比較擁擠的印象，整理頭髮的時候看起來也不理想。建議可以在鏡子左右裝上壁燈，這樣臉部比較不容易形成不自然的陰影。

化妝室、浴室照明的構成如下

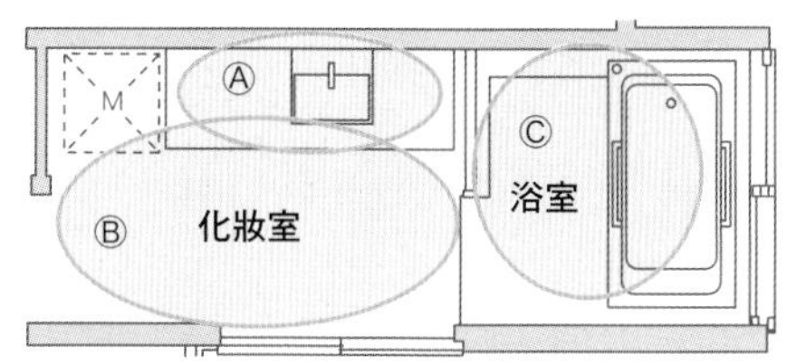

- 化妝室的照明大多由以下3者所構成
  Ⓐ洗臉台的局部照明
  Ⓑ化妝室房間的整體照明
  Ⓒ浴室的整體照明
- Ⓐ必須讓鏡子內的倒影可以美麗呈現，並且不讓人出現刺眼的感覺。一般會在鏡子左右或上方裝設附有乳白色壓克力或是可以讓光線柔和擴散的壁燈。
- Ⓑ會使用廣角型落地燈，為了讓肌膚可以美麗的呈現，建議使用演色性較佳的日光燈、燈泡色LED、白熱燈泡等等。
- Ⓒ所使用的燈具跟Ⓑ相同，但必須是防潮型。

①浴室照明的注意點

若是在浴缸一方(窗戶的相反方向)裝設照明器具，會讓剪影出現在窗戶的霧面玻璃上，必須選擇像圖內這樣的位置。另外還必須是泡在浴缸內的時候，照明器具不會進入視線之中的位置。

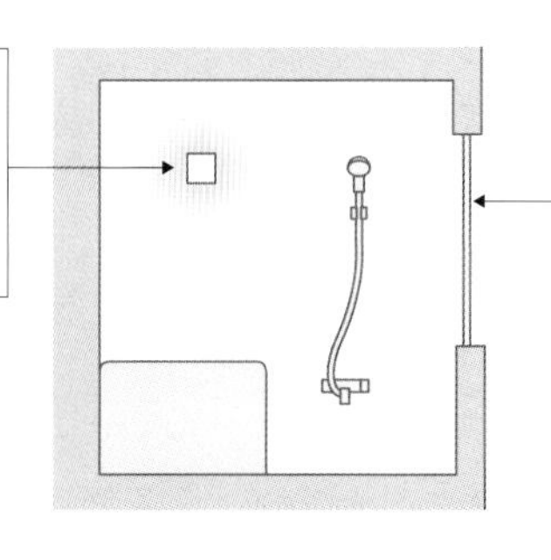

浴室若是有窗戶存在，必須注意照明的位置，不可讓使用者的剪影出現在霧面玻璃上。

②洗臉室照明的注意點

用落地燈來當作整體照明，就可以讓整體得到充分的亮度，但光是這樣會在照鏡子的時候讓臉部出現不自然的陰影。

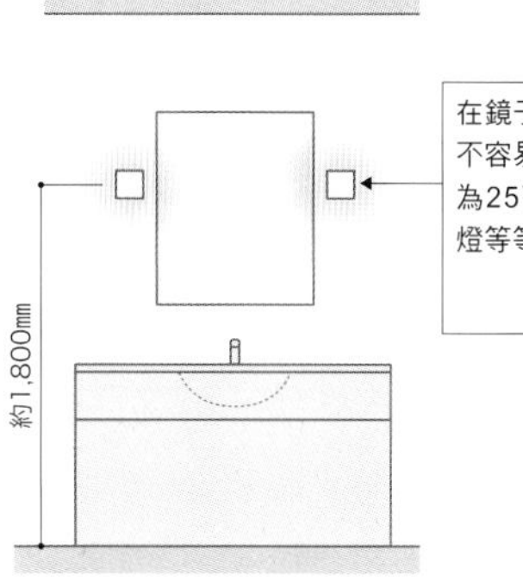

在鏡子左右裝上壁燈，讓臉部不容易出現陰影。使用的光源為25W白熱燈泡、10W日光燈等等。

室外有庭院時的照明手法

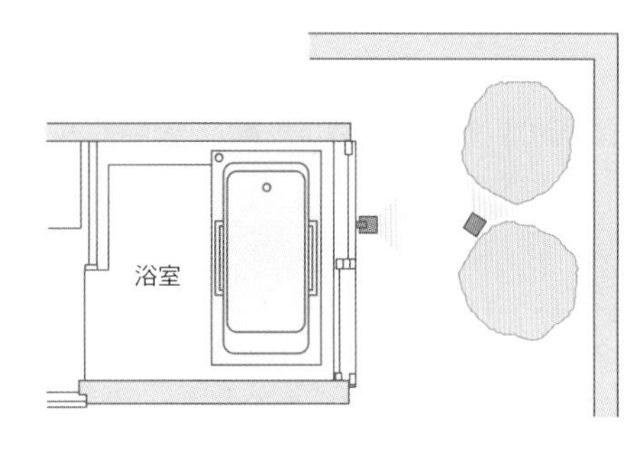

- 浴室外面若是有圍繞的庭院存在，可以透過照明來享受寬廣的視覺性效果。
- 照明器具必須選擇室外用的防潮型。
- 可以在外牆裝上投射燈從上方進行照射，將球型照明埋到地面，或是用釘入式的投射燈來將樹木照亮。
- 釘入式照明可以變更位置，但必須插電，要在附近準備好室外用的插座。
- 將照明器具裝在從浴室內無法看到的位置，以避免破壞氣氛。
- 要將配光調整到浴室內看出去不會刺眼的程度。另外也要注意不可以讓光線漏到鄰近等自家以外的空間。

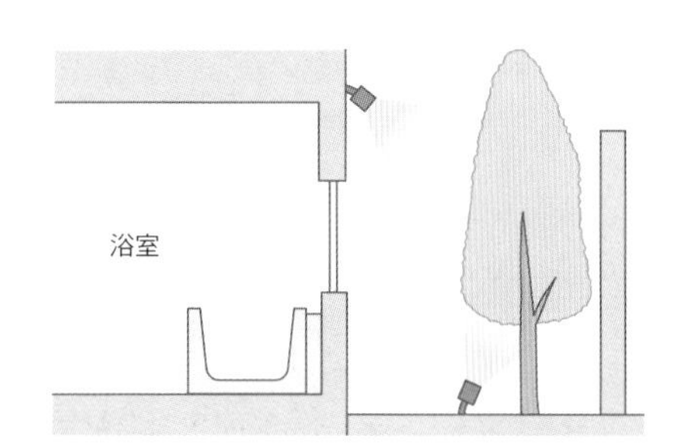

化妝室、浴室的照明案例

照片中的浴室面向外面。在這個場合，可以在室外裝上投射燈，將庭院照亮來進行演出。

意識到從化妝室到浴室的連續性，兩個空間都使用同一種壁燈。

浴室牆壁所使用的壁燈必須選擇防潮型。防潮型的壁燈有天花板與牆壁都能使用的類型，以及天花板專用的類型等等，選擇時必須注意裝設位置是否有限制存在。

建築設計／加藤晴司建築設計事務所

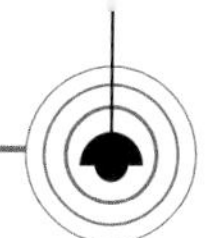

小孩房間的照明必須可以配合成長

小孩房間的照明，必須配合孩子的年齡來改變照明方式。10歲前後是小孩眼睛的發育時期，房間內要盡可能維持明亮，避免讓影子出現。基本上會用天花板燈來確保整體的照度，並在書桌加上桌燈。天花板燈的光源，可以使用附帶高頻逆變器跟乳白燈罩的日光燈。

隨著孩子的成長，除了亮度之外還必須創造出適當的氣氛，因此可以事先裝好照明用的軌道。這樣就可以隨著小孩的年齡來調整投射燈。

各個年齡必須注意的重點

①10歲以前

②成長之後…

投射燈要使用日光燈這些配光較為寬廣的類型。照明用軌道的位置大約是距離牆壁800公釐左右。

用複數的投射燈來創造房間內的氣氛，並且用桌燈來確保手邊的亮度。

小孩房的照明案例

照片為6～10歲的小孩房

天花板可以分別選擇天花板燈與裝在照明用軌道上的投射燈。

照片內沒有出現的書桌擺有桌燈，用來確保手邊的亮度。

照明用軌道上的投射燈可以拆下，另外也能追加新的投射燈。

照明用軌道所能追加的投射燈數量，取決於事先決定好的配線計劃。假設軌道只有一條，並且用單獨的電路連接到斷路器，則最多可以加裝到1,500W(15A)。一般會將照明與插座等複數的負荷整理在同一個電路裡面，因此一條1,000mm的軌道可裝設的燈具大約是2～3盞。

建築設計／大島芳彥、吉川英之(Blue Studio)

寢室必須注意讓人不愉快的亮光

寢室的整體照明，會用壁燈或立燈來形成間接性的光芒，讓整體空間得到比較暗的氣氛。將照明器具裝在天花板時，要避免讓光源從枕頭的位置可以直接看到，以免躺在床上的時候出現刺眼等不愉快的感覺。

枕邊裝上能用來照亮手邊的燈具，可以增加生活上的方便性。活用壁燈或立燈，裝在頭部不會形成陰影的位置。房間要是沒有太大的空間，在枕邊裝上全方位擴散型或半直接型的立燈(參閱30頁)，即可照亮整個房間。如果使用裝有不透光燈罩，只有下方露出光芒的燈具，則可以跟壁燈或間接照明進行組合，維持房間整體照度的均衡性。枕邊的照明器具可以裝在床墊上方約600～750公釐的高度。

寢室照明的3項基本要素

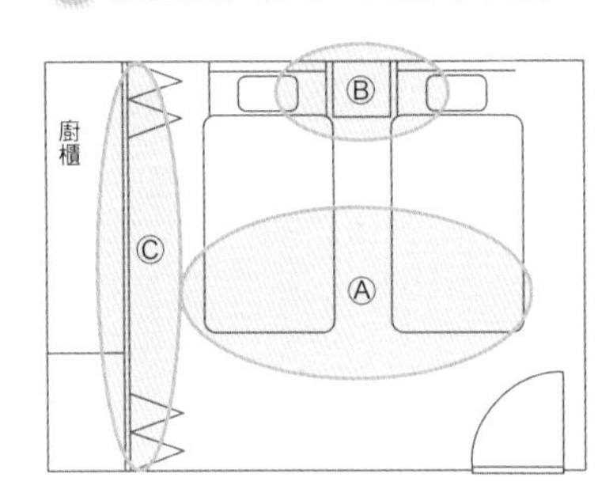

- 寢室照明大多由以下3項要素所構成
  - Ⓐ整體照明
  - Ⓑ枕邊的局部照明
  - Ⓒ櫥櫃的局部照明
- Ⓐ一般會使用擴散光型的天花板燈或落地燈。
- Ⓑ若是使用間接照明或讀書燈，可以形成氣氛沉穩的寢室。
- Ⓑ使用間接照明的場合，光源可以選擇燈泡色LED或日光燈。若是使用讀書燈，光源則是燈泡色LED或低瓦數的白熱燈泡比較合適。兩者都可以進行調光，增加生活上的方便性。
- Ⓒ會用來照亮廚櫃內部，天花板沒有裝設整體照明時可以使用。燈具裝在廚櫃內部或是外面。
- 在床邊裝設腳燈，可以提高夜晚移動時的方便性。

在兩個廚櫃裝設照明的方法

①裝在外面

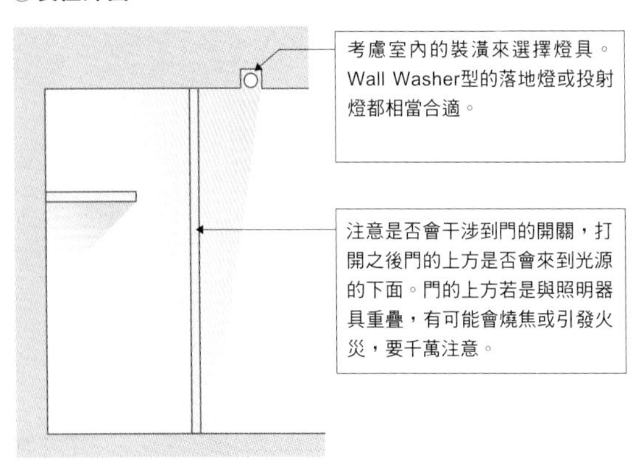

②裝在內部

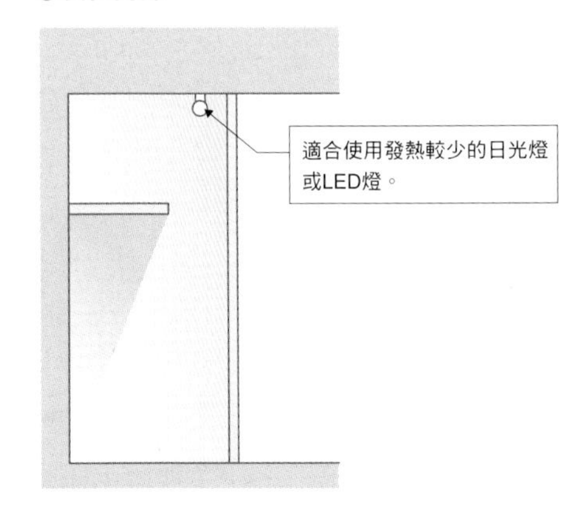

設計照明時的注意點

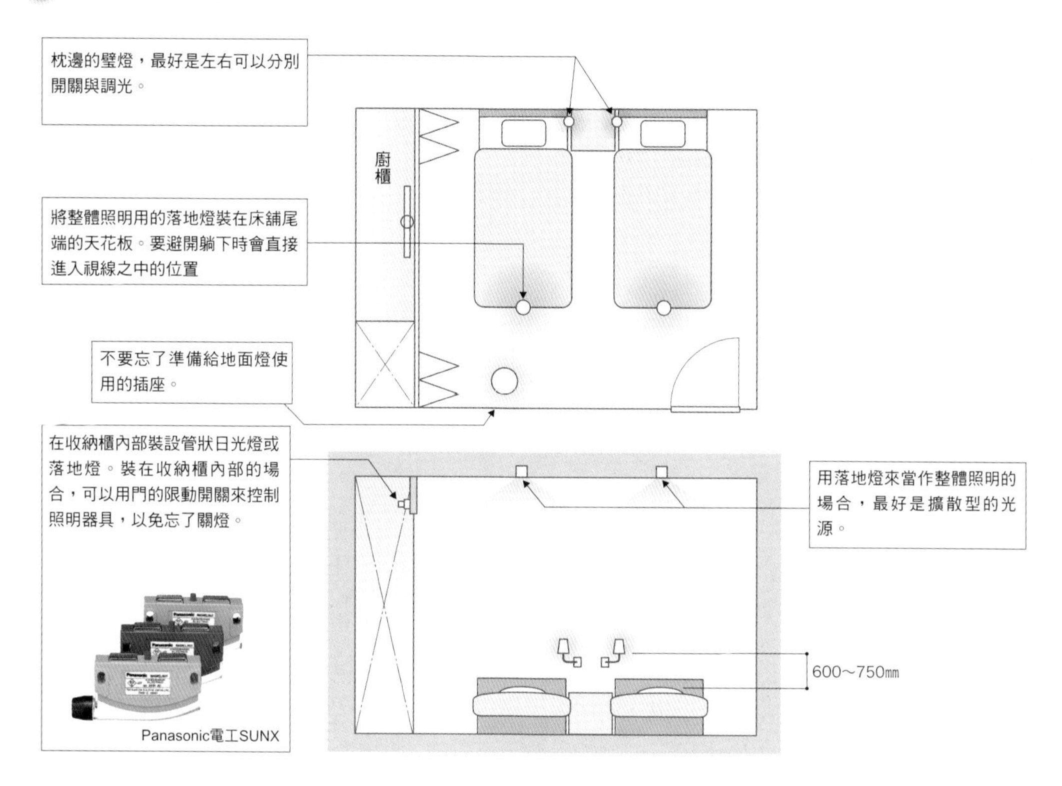

寢室的照明範例

整體照明的落地燈，裝在躺下時腳邊附近的天花板。

在枕邊裝設壁燈，讓人可以在床上進行閱讀。

大光電機

走廊要考慮到深夜的照明

走廊最必須重視的，是行走時的安全性。根據JIS照度基準，走廊必須擁有30～75勒克斯的照度。從這個規定可看出，走廊所須要的亮度其實不高。但除了必須具備長明燈(常夜燈)的機能之外，還必須讓光照到牆壁上，讓人可以確認到走廊的盡頭。另外還得讓人在夜晚前往廁所時，移動起來沒有任何的不安，且不會亮到讓人失去睡意，因此建議使用5W左右的腳邊照明。

設計照明時的注意點

基本照明原則上會使用落地燈或壁燈。把光打在正面的牆壁上，可以降低空間的閉塞感。深夜時不會點亮，裝設間隔為1,800～2,000公釐左右。

延著寢室到廁所的動線裝上腳燈。裝設位置的基準為地板往上約300公釐。夜晚只將腳燈點亮，可以讓人安全的前往廁所，又不會因為太亮而完全醒過來。

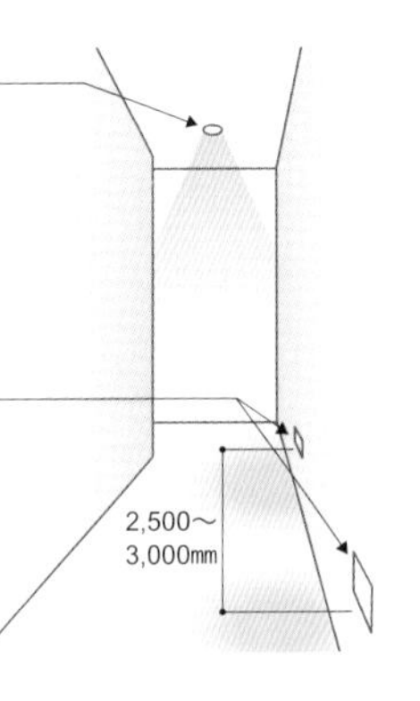

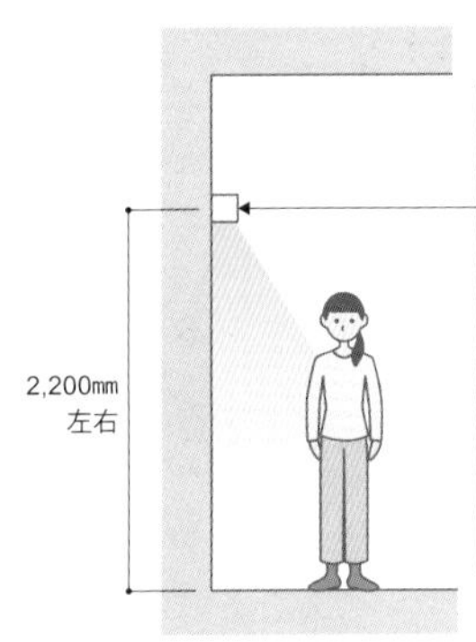

將壁燈裝在2,200公釐的高度的場合，燈具之間的間隔可以調整為2,500mm左右，藉此得到均等的亮度。只是光的擴散方式會隨著燈具大小跟光源的瓦數來變化，必須按照實際狀況來做調整。

走廊的照明案例

在各個房間的出口右邊各裝上一盞照明器具，提供走動所須的照明的同時，又讓人確認到房間的位置。

建築設計／住吉正文(FARO Design一級建築士事務所)

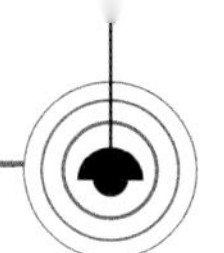

樓梯要考慮到上下的安全

樓梯的照明，必須要有足以確保上下樓梯之安全的亮度。特別是在下樓梯的時候，如果光源造成刺眼的感覺，或是因為自己的影子讓高低差變暗，都有可能引發踏空而跌倒的意外。光源不會被直接看到的間接照明，可以成為相當有效的樓梯照明，但高低差所產生的陰影較弱，造成危險的可能性並非完全不存在。比方說用深色的地毯覆蓋樓梯，有可能因為陰影較弱的關係，看起來像是斜坡一般。為了避免這樣的危險，建議在樓梯附近的牆上連續性的配置光源，只照亮腳邊。只是這種作法必須在建築計劃的初期階段就著手進行設計。

設計照明時的注意點

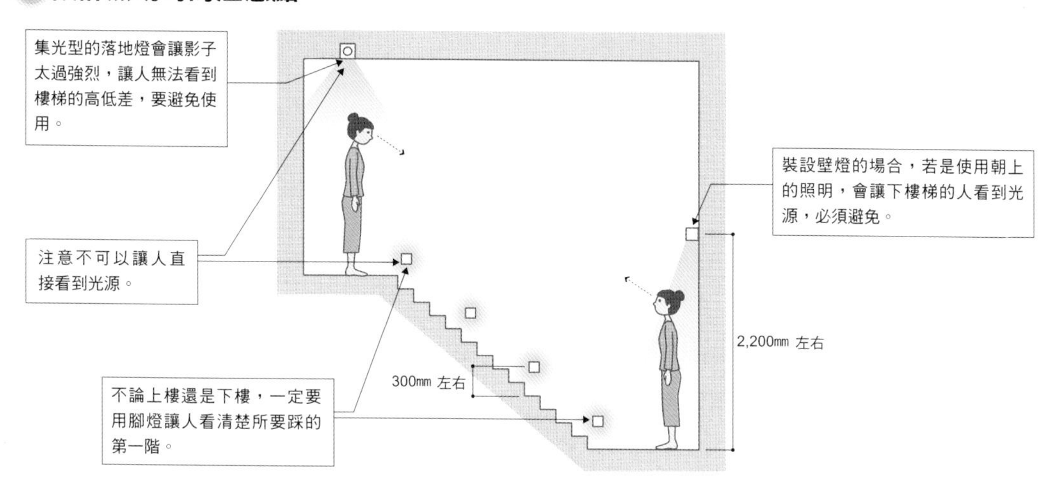

樓梯照明的案例

建築設計／住吉正文(FARO Design一級建築士事務所)

玄關要考慮到家中的第一印象與防盜

室外玄關，是訪客對一個家庭所抱持的第一印象，重要性自然不在話下，最好用照明讓人感受到溫暖又親切的氣氛。但玄關外的照明，同時也必須具備防盜機能。一般會在門的兩側或單側的牆壁裝上壁燈。若有可能受到雨的影響，則必須選擇防雨、防滴型的器具。光源若是使用40～60W的白熱燈泡，可以加上乳白色的球型燈罩。透明燈罩會讓眩光太過強烈，並不適合使用。另外有時會在屋簷下方裝設落地燈，但光是這樣會讓腳邊的亮度不足，建議跟壁燈一起使用。

用充滿歡喜氣氛的亮光來迎接訪客的玄關內部，會用附帶反射鏡的無眩光落地燈來當作整體照明，另外用埋入型的投射燈來突顯出繪畫、觀賞用植物、雕刻等裝飾品。

設計照明時的注意點

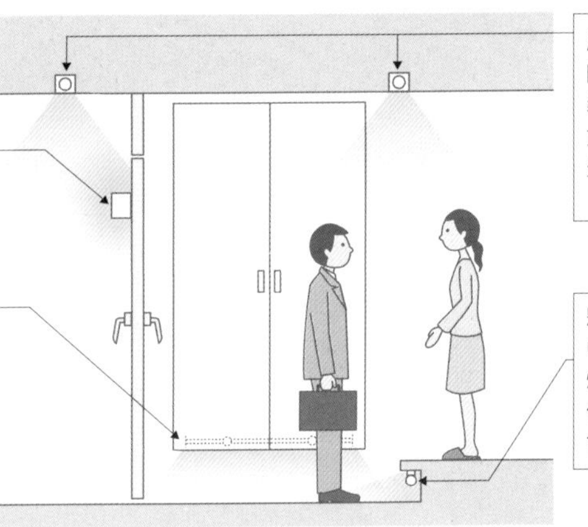

玄關照明的案例

建築設計／連合設計社市谷事務所 拍攝／垂見孔士

Panasonic

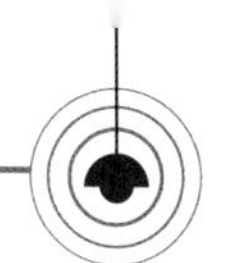

門、通道、庭園必須確保夜景跟路面的亮度

在住宅的外面，首先必須在門柱裝上照明，讓門牌在夜晚也能被看到。若是門鈴有裝攝影機的話，則照亮門牌的同時也必須將訪客的臉部照亮。從大門通往玄關的通道，則是要將腳邊照亮，讓人可以順著照明來走到門前。考慮到對於鄰近其他住家的影響，燈具高度大約是距離地面300～600公釐左右。

庭院則是依照大小來改變照明。若是庭院較窄，可以選擇高度1,000公釐以下的低高度庭園燈1～2盞。若是較為寬廣的庭院，則使用複數的室外用投射燈，透過照明讓樹木或雕刻等裝飾品可以被突顯出來。

除了部分保安用的照明之外，訪客未探訪時在欣賞庭院的時候，最好將照明全都點亮。

設計照明時的注意點

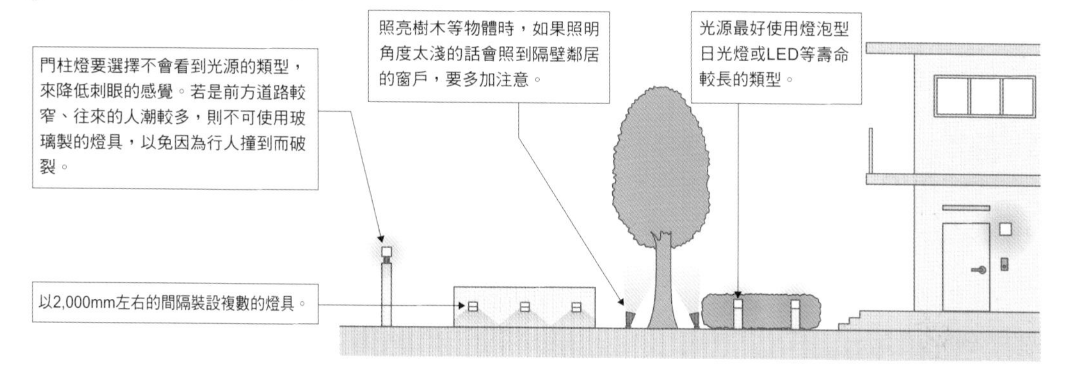

通道、庭園照明的案例

像照片這樣的庭園，走在通道時可以得到相當高的演出效果，因此在牆上以大約1,000公釐的間隔裝設埋入式的往上照明的燈具，讓庭園跟建築得到統一感。

室外用的埋入型腳燈

Odelic

照亮樹木用的投射燈

透天構造要兼顧空間演出與維修上的方便

透天挑高的空間，要活用整體高度來進行空間性的演出。比方說用落地燈來照亮天花板邊緣牆壁，可以讓人更進一步感受到天花板的高度。考慮到維修方面的問題，基本上要避免將燈具裝在天花板上，如果決定要裝的話，建議使用壽命較長的LED光源，且可以確保地面照度的集光型燈具。能夠透過Lamp Changer(更換燈泡專用的長竿)來交換光源的落地燈，也是對策之一。不論是哪一種款式，將來都還是得更換燈具或光源，並務必事先想好對策。

選擇燈具的時候，最重要的是仔細閱讀產品目錄上的配光圖，找出適合自己使用的款式。注重維修性的話建議使用吊燈，或是往上照亮天花板的燈具。

設計照明時的注意點

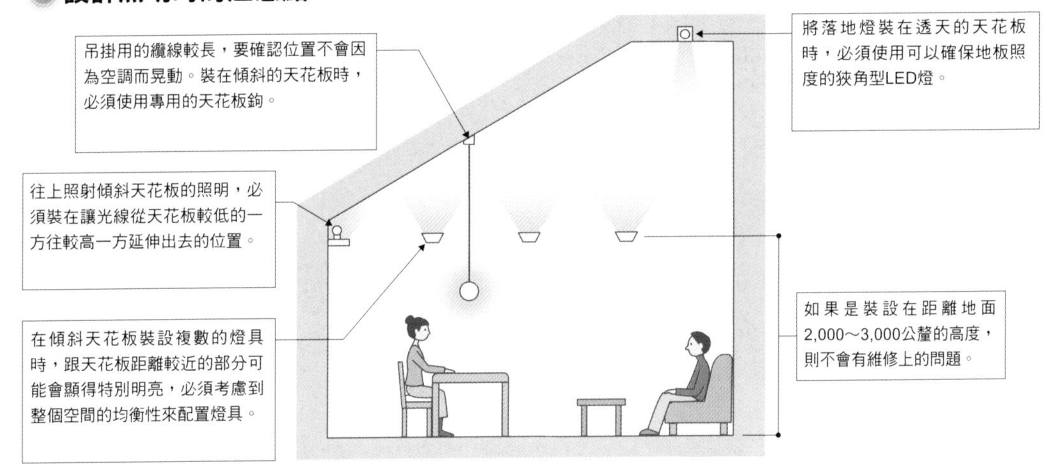

透天挑高照明的案例

照片內透天的空間，在距離牆壁250公釐的位置以900公釐的間隔裝設LED落地燈。藉此照亮廣大面積的牆壁，並且得到活用高度的照明效果。

3盞吊燈分別掛在3,000公釐左右的不同高度，這樣可以避免空間給人單調的感覺。

大光電機

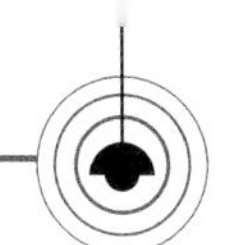

車庫要注意車輛與照明的位置

車庫內的照明，若是考慮到車輛與機車的呈現，則必須具備展示間一般的要素。若是客戶喜歡自己改裝車輛，那將要有充分的照度來進行作業。但車庫內部裝潢如果是白色等明亮的顏色，用強烈的投射燈照射時有可能會出現反光，讓天花板或地面被染成車身的顏色。而就算是室內，若必須在車庫內洗車的話，得選擇防水型的燈具。光源要盡量避免裝在車子的正上方，將來若是換成較高的車種，有可能會讓燈具被車身遮住，若是集合性住宅，更換光源時可能得請他人移動車子，無形中影響到與其他住戶之間的關係。

設計照明時的注意點

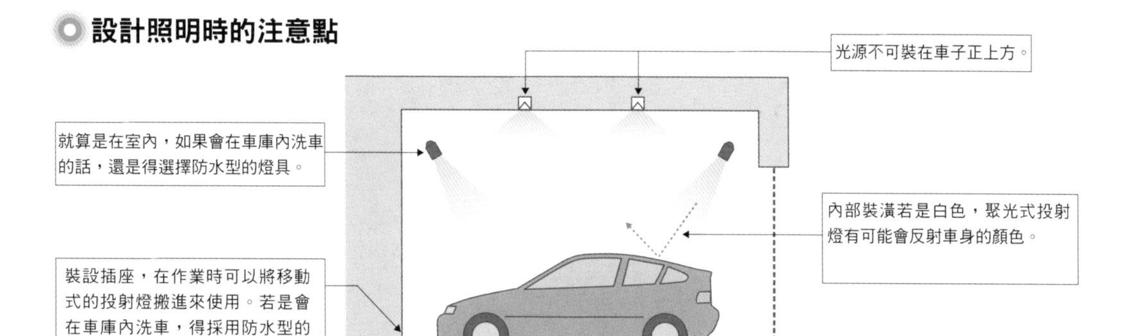

車庫照明的案例

若是裝設擴散型的配光投射燈，則可以在一邊照亮車子的同時，一邊確保步行空間的照度。

KOIZUMI照明

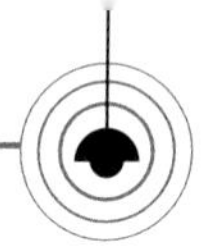

高齡者的視覺特徵與照明設計

人類的視力會受到亮度的影響。特別是高齡者，視野變得比較狹窄，太暗的話更不容易看到東西。進行照明計劃的住宅若是有高齡者居住，必須下功夫確保更高的照度，以免日常生活出現任何的不安與不便。

高齡者的建議照度

JIS照度基準總則，規定有住宅等居住設施所須要的照度。讓我們以此來跟高齡者所須的照度進行比較。

根據JIS的規定，書房、飯廳、廚房、廁所、樓梯、走廊等地點的整體照明，都必須要有30～100勒克斯①。高齡者在這些地點進行日常活動，若要沒有任何障礙的話，則須要50勒克斯以上的照度②。也就是說按照一般照明計劃來進行就沒有問題。

但如果是要進行特定活動的話，則須要更進一步的考量。比方說一般讀書所須的照度為500～1,000勒克斯③，而高齡者則須要600～1,500勒克斯④。光用整體照明無法達到這個目標，因此會用50勒克斯的整體照明來搭配立燈等其他燈具，以1個房間使用複數照明的手法來對應。

住宅的JIS照度基準與高齡者的建議照度

JIS照度基準・住宅

整體照明		局部照明	
地點	照度(勒克斯)	作業內容	照度(勒克斯)
小孩房、讀書室 家事間、工作室 浴室、衣帽間 玄關(內側)	75～150	手藝、裁縫、縫紉 進修、讀書 刮鬍子、洗臉、化妝 洗衣、脫鞋	750～2,000 500～1,000 200～500 150～300
① 書房 飯廳、廚房 廁所	50～100 (深夜的廁所／1～2)	唸書、閱讀 ③	500～1,000
		調理台、流理台、餐桌	200～500
① 客廳 接待室(西洋式) 接待室(日式)	30～75 (深夜的樓梯／1～2)	電話、化妝、讀書	300～750
① 走廊、樓梯		團聚、娛樂 桌子、沙發 和室桌、展示空間	150～300
① 車庫		檢查車輛、打掃	200～500
① 庭院		庭院派對、用餐	75～150
寢室	10～30 (深夜／1～2)	讀書、化妝	300～750
防盜	1～2		

高齡者的建議照度

整體照明	
地點	照度(勒克斯)
客廳 ②	50～150
走廊 ②	50～100
門、通道、玄關外	3～30
深夜的廁所	10～20
緊急用	10～
局部照明	
作業	照度(勒克斯)
手藝、裁縫	1,500～3,000
閱讀 ④	600～1,500
調理台、餐桌 洗臉	500～1,000
化妝、洗衣	300～600
深夜步行	1～10

高齡者的視覺特徵與對策

- 從明亮的場所移動到黑暗的空間時，視力回復能力降低 → 減少走廊與書房照度上的落差
- 視覺特徵有相當程度的個人落差 → 依照特定高齡者(客戶或其家人)的特徵在整體照明之中加上局部照明
- 建築基準法所規定的緊急照明為地板照度1勒克斯以上 → 緊急時要讓高齡者得到充分的照度，最好要有10勒克斯以上

Part 5

案例介紹

住宅照明的各種案例

到目前為止，我們對照明計劃的重點跟注意事項進行了說明，但實際展開計劃的時候，往往會出現許多無法照本宣科的項目。這個章節我們會拿實際住宅當作案例，介紹怎麼活用基本的照明計劃來套用到建築設計之中。

天花板沒有照明器具的住宅

姬宮住宅：地上1樓　總樓面面積171.30m^2　設計：高橋堅建築設計事務所

平屋(一層樓)建築的「姬宮住宅」所抱持的基本概念，是「如何創造出未經設計的空間」。室內廣大的空間沒有區隔用的牆壁存在，讓覆蓋的巨大屋頂跟支撐用的外牆、樑柱綻放出強烈的存在感。為了保留這份存在感，天花板沒有裝設任何的照明器具，一切光源都位在牆壁上。而燈具數量也維持在最低限度，盡可能使用精簡的款式。

居家空間・瑜伽室

：在沒有區隔的空間之中，用照明來劃分區域

擺設家具之後

白天時陽光從天窗與開孔部位射入

拍攝／高橋堅

平面圖　S=1：70

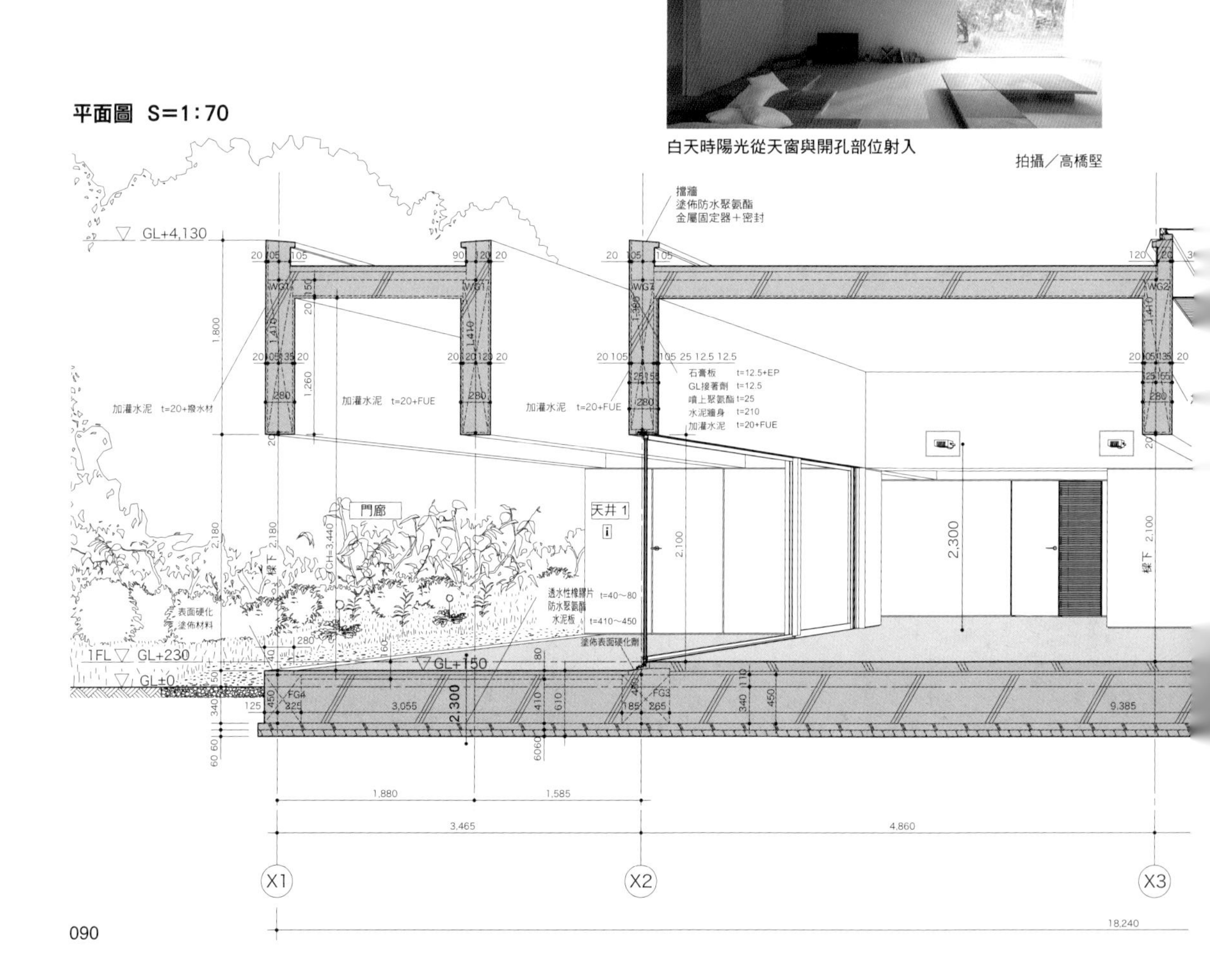

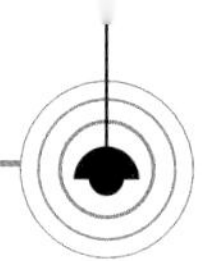

被樑所圍起來的各個區塊可以分別進行調光，建築方面則是以亮光將沒有隔板的1個房間劃分成不同的區塊。

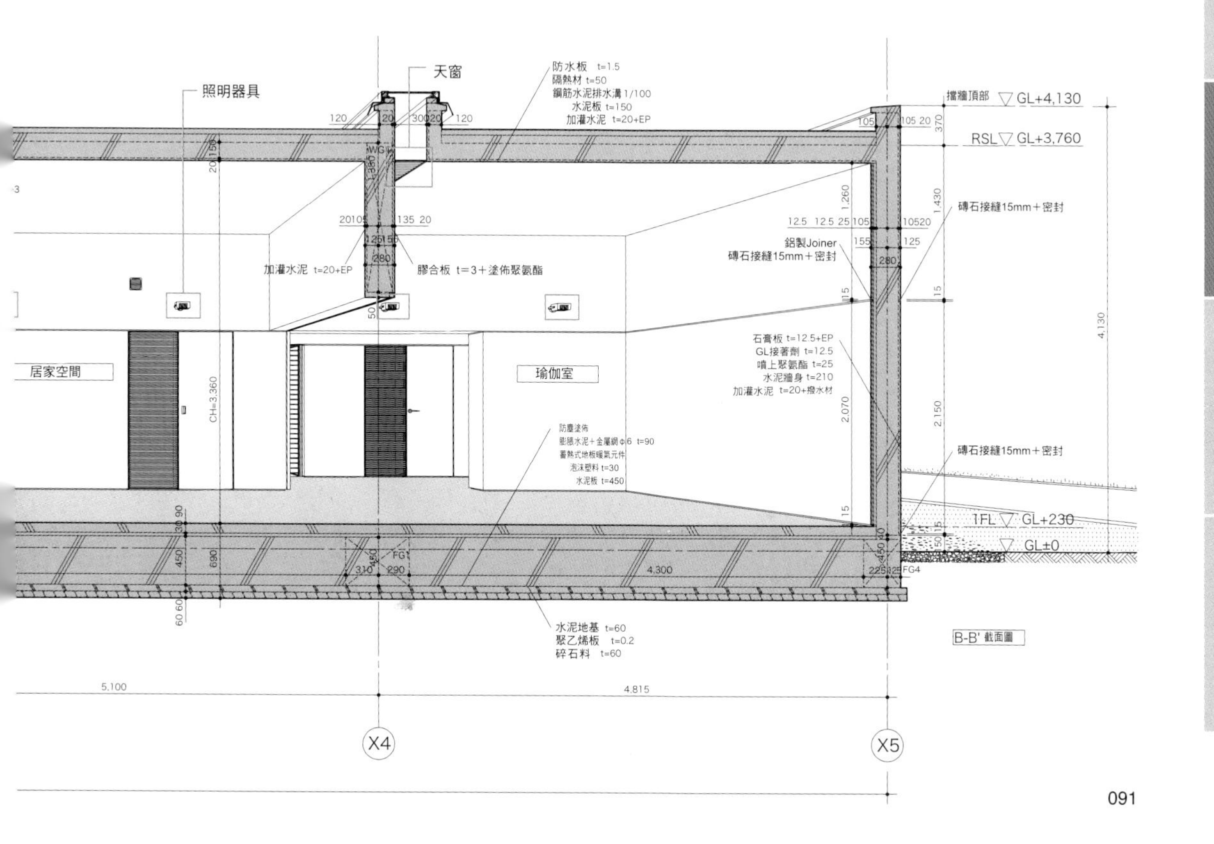

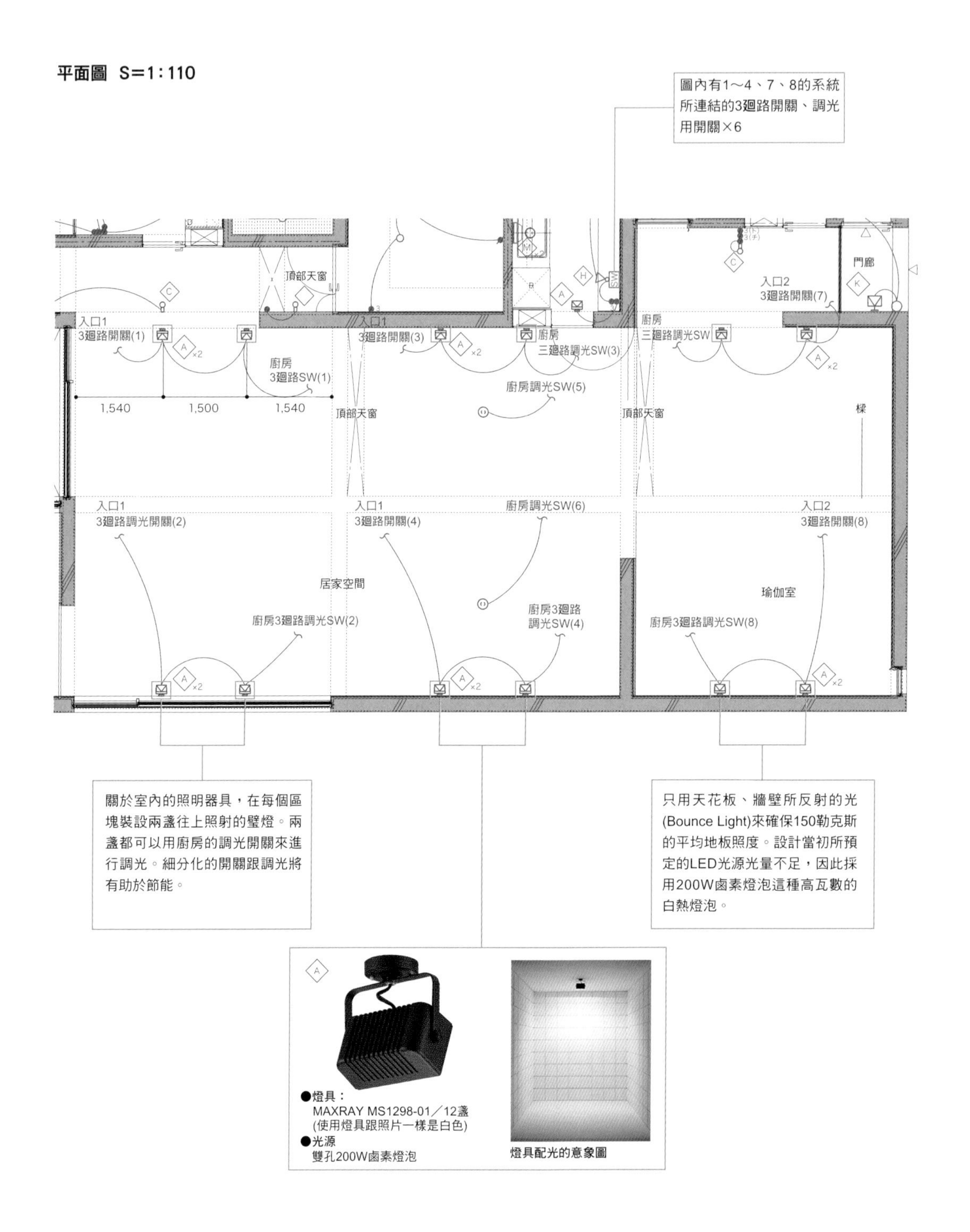
平面圖 S=1：110
圖內有1～4、7、8的系統所連結的3迴路開關、調光用開關×6
頂部天窗
入口1
3迴路開關(1)
廚房
3迴路SW(1)
1,540
1,500
1,540
入口1
3迴路開關(3)
廚房
三迴路調光SW(3)
廚房調光SW(5)
廚房
三迴路調光SW
入口2
3迴路開關(7)
門廊
入口1
3迴路調光開關(2)
入口1
3迴路開關(4)
廚房調光SW(6)
入口2
3迴路開關(8)
居家空間
瑜伽室
廚房3迴路調光SW(2)
廚房3迴路
調光SW(4)
廚房3迴路調光SW(8)
關於室內的照明器具，在每個區塊裝設兩盞往上照射的壁燈。兩盞都可以用廚房的調光開關來進行調光。細分化的開關跟調光將有助於節能。
只用天花板、牆壁所反射的光(Bounce Light)來確保150勒克斯的平均地板照度。設計當初所預定的LED光源光量不足，因此採用200W鹵素燈泡這種高瓦數的白熱燈泡。
●燈具：
MAXRAY MS1298-01／12盞
(使用燈具跟照片一樣是白色)
●光源
雙孔200W鹵素燈泡
燈具配光的意象圖

門廊：配合室內照明，讓室內外的呈現方式統一

門廊的燈具也是照向天花板，讓室外跟透過玻璃可以看到的室內擁有同樣的氣氛。

拍攝／新建築社攝影部

平面圖 S=1:95

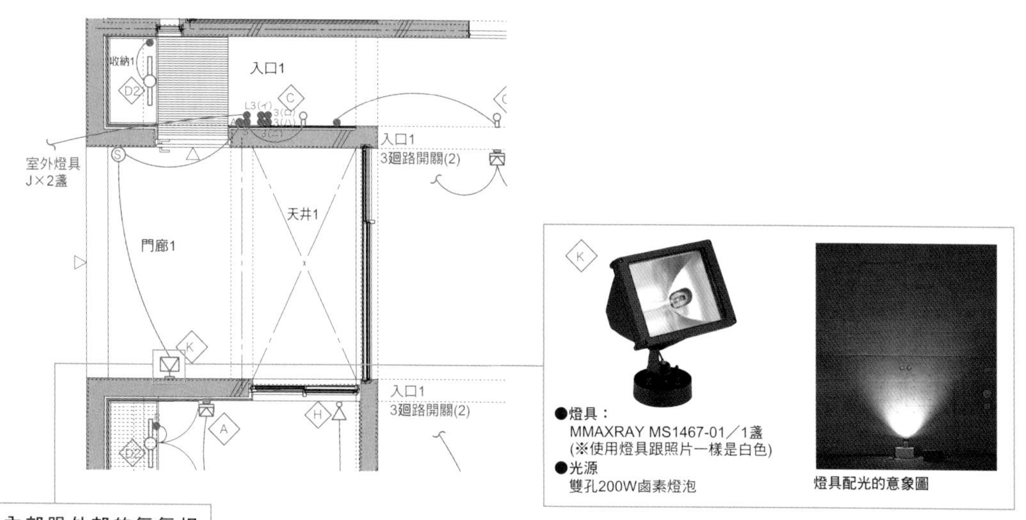

內部跟外部的氣氛相連，因此將室內使用的燈具更改成室外也能使用的規格，來讓門廊使用。

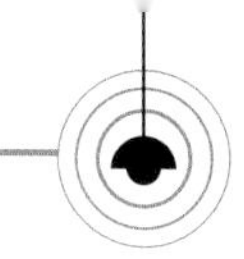

使用連續性光源的住宅

作者之家：2層樓建築　總樓面面積449.31m²
設計：住吉正文(FARO Design一級建築士事務所)

「作者之家」，是為了以筆耕為生的客戶與他工作夥伴共同生活而設計的住宅。為了達成客戶「能夠維持隱私，卻又不會有閉塞感」的委託，在建築物中央設置中庭，將各個房間分配在周圍。更進一步用環繞住宅內部一周的走廊，將各個房間與共用的客廳、飯廳連在一起。途中還配置有家庭劇院，成為刺激創作欲求的最佳場所。

照明計劃則是以連續性為關鍵字，將同樣的燈具裝在串聯整體建築的走廊上，藉此得到一體成型的氣氛，讓走在內部的人出現連續不間斷的感覺。

走廊1、4：連續性的點狀光源，強調空間的延伸性

整體照片

從2樓看走廊

走廊1、4的一部分為高度2層樓的挑高天花板。使用透明的白熱燈泡讓光可以延伸到天花板一方。

截面圖　S=1：135

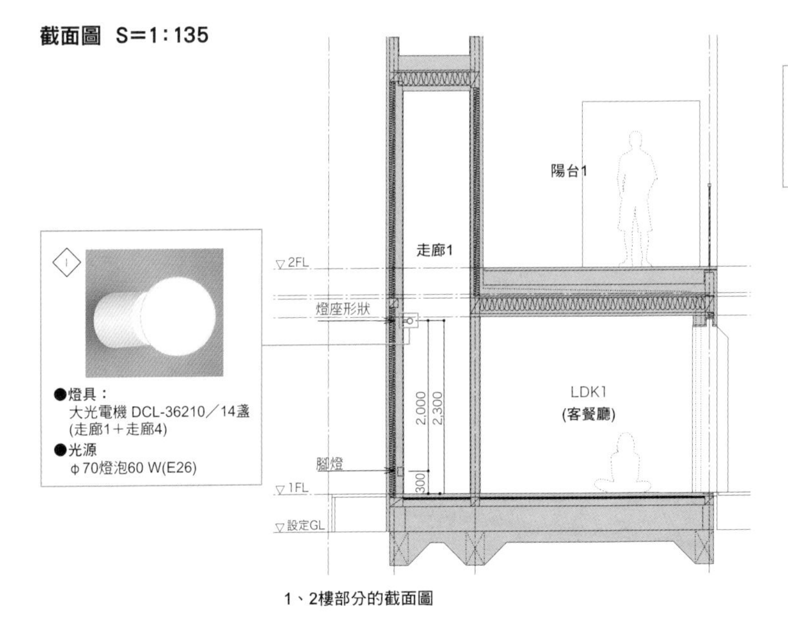

1、2樓部分的截面圖

燈座規格極為普遍的透明白熱燈泡。刻意選擇透明的白熱燈泡來給人閃亮的感覺。這是LED跟日光燈無法擁有的演出效果。

放大照片

放大照片

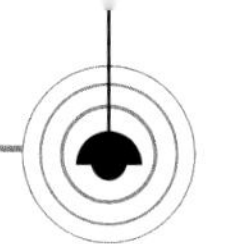

平面圖 S=1：135

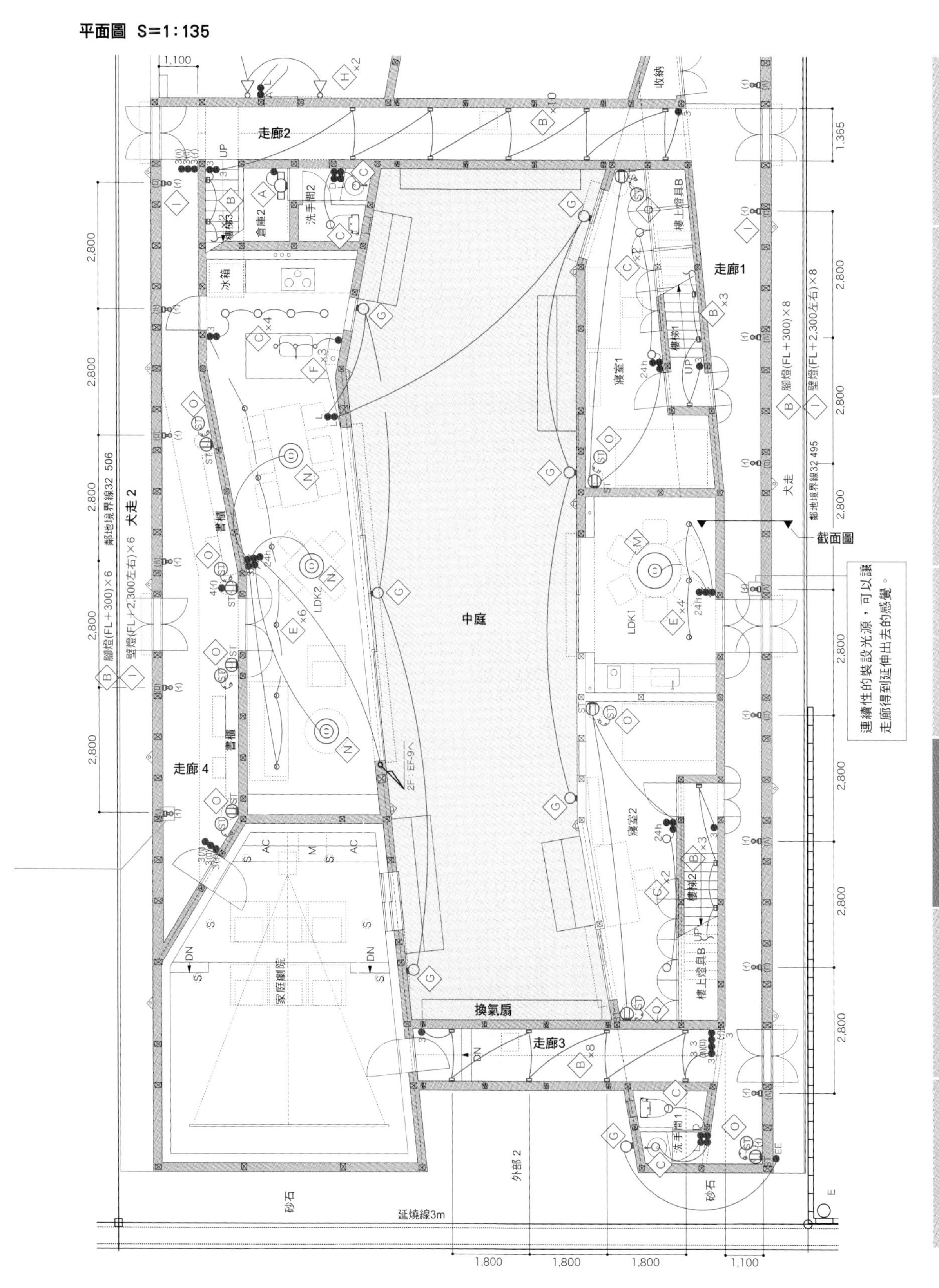

走廊2
走廊1
走廊3
走廊 4
中庭
換氣扇
截面圖
寢室1
寢室2
LDK1
LDK2
冰箱
倉庫2
洗手間2
洗手間1
樓梯1
樓梯2
樓梯3
書櫃
家庭劇院
收納
砂石
延燒線3m
外部 2
犬走
犬走 2
鄰地境界線32 506
鄰地境界線32 495
腳燈(FL＋300)×6
壁燈(FL＋2,300左右)×6
腳燈(FL＋300)×8
壁燈(FL＋2,300左右)×8
樓上燈具B
連續性的裝設光源，可以讓走廊得到延伸出去的感覺。
1,100
1,365
2,800
1,800

走廊2：只裝設腳燈來避免較低的天花板給人壓迫感

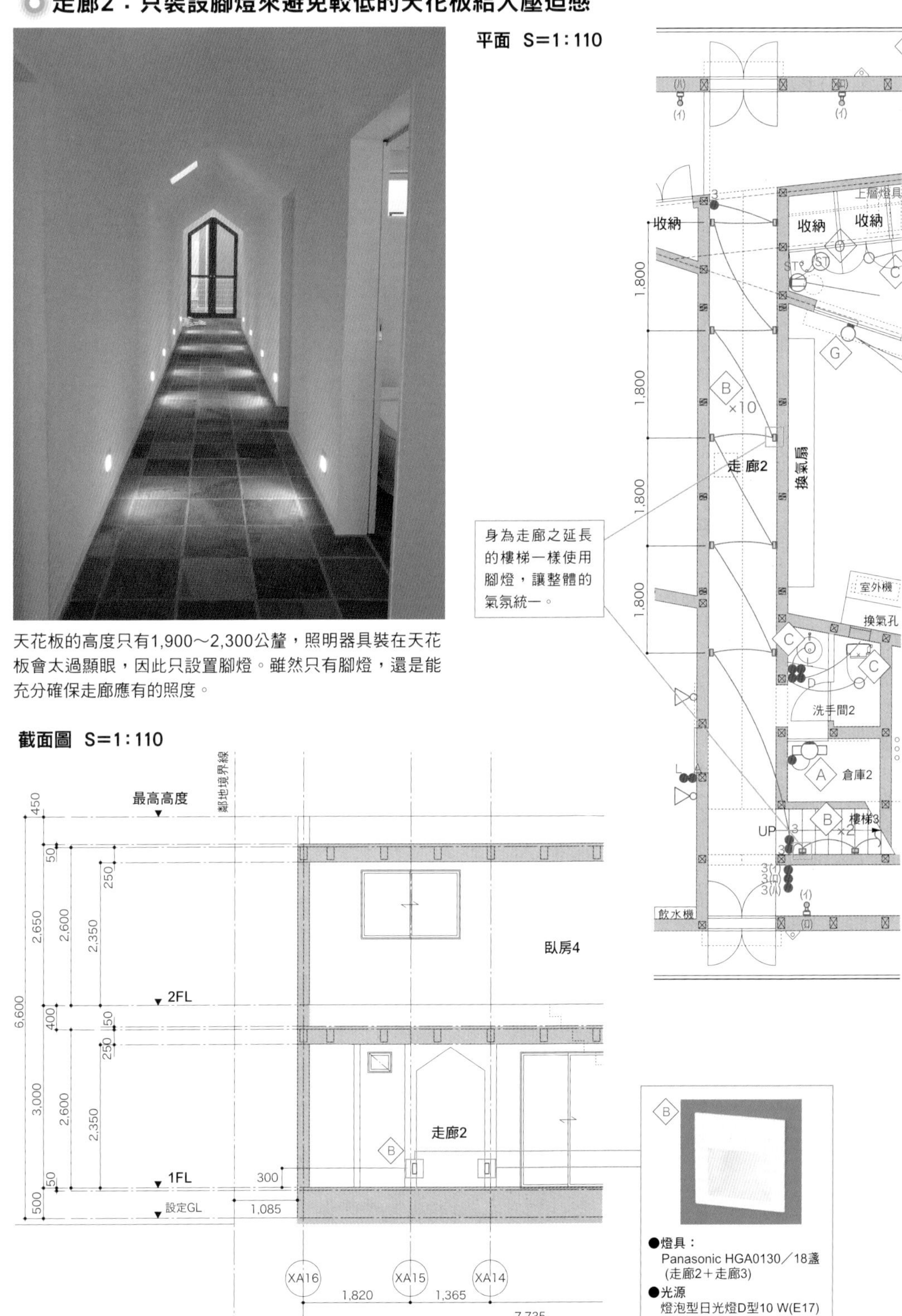

天花板的高度只有1,900～2,300公釐，照明器具裝在天花板會太過顯眼，因此只設置腳燈。雖然只有腳燈，還是能充分確保走廊應有的照度。

●燈具：
Panasonic HGA0130／18盞
(走廊2＋走廊3)
●光源
燈泡型日光燈D型10 W(E17)

陽台：將照明器具的造型統一，來得到與內部的連續性

連接2樓走廊跟寢室的4號陽台。門跟照明的位置關係讓人聯想到玄關。

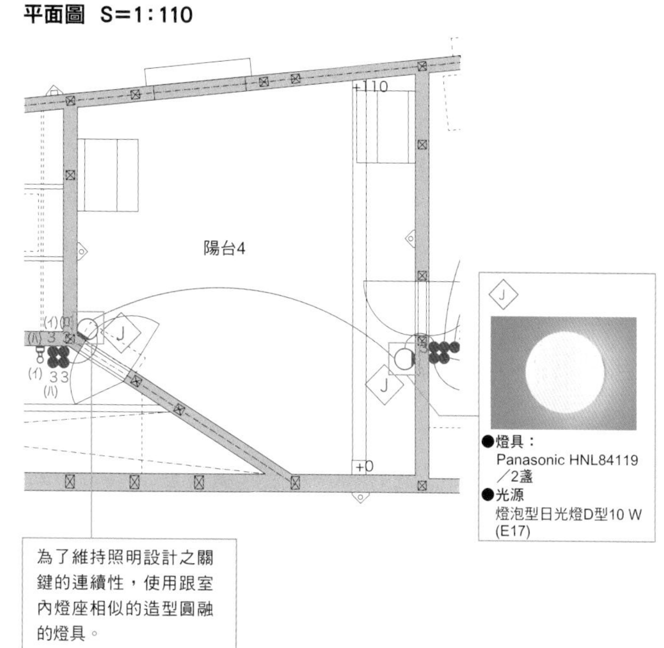

為了維持照明設計之關鍵的連續性，使用跟室內燈座相似的造型圓融的燈具。

車庫：依照停車方式改變照明器具的位置

在進出口側面裝設可以調整角度的投射燈。

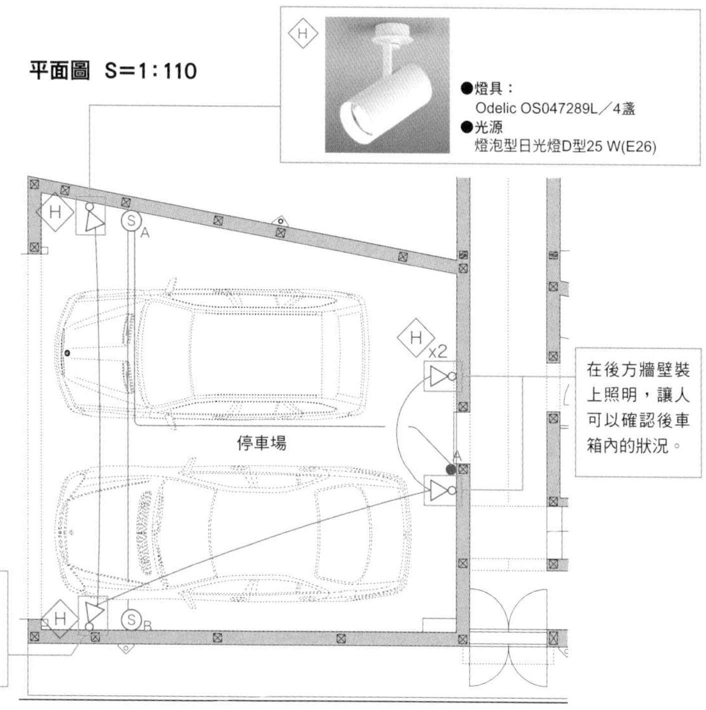

在後方牆壁裝上照明，讓人可以確認後車箱內的狀況。

不會在車庫內洗車，因此選擇室內用的照明器具。鐵門為Over Slider(捲到天花板)的方式，因此不在天花板裝設照明器具。

客廳、飯廳：用整體照明跟局部照明來創造出空間的緩急

窗戶較大、天花板高度為3,300公釐之建築的核心空間，也是用戶集中的空間。

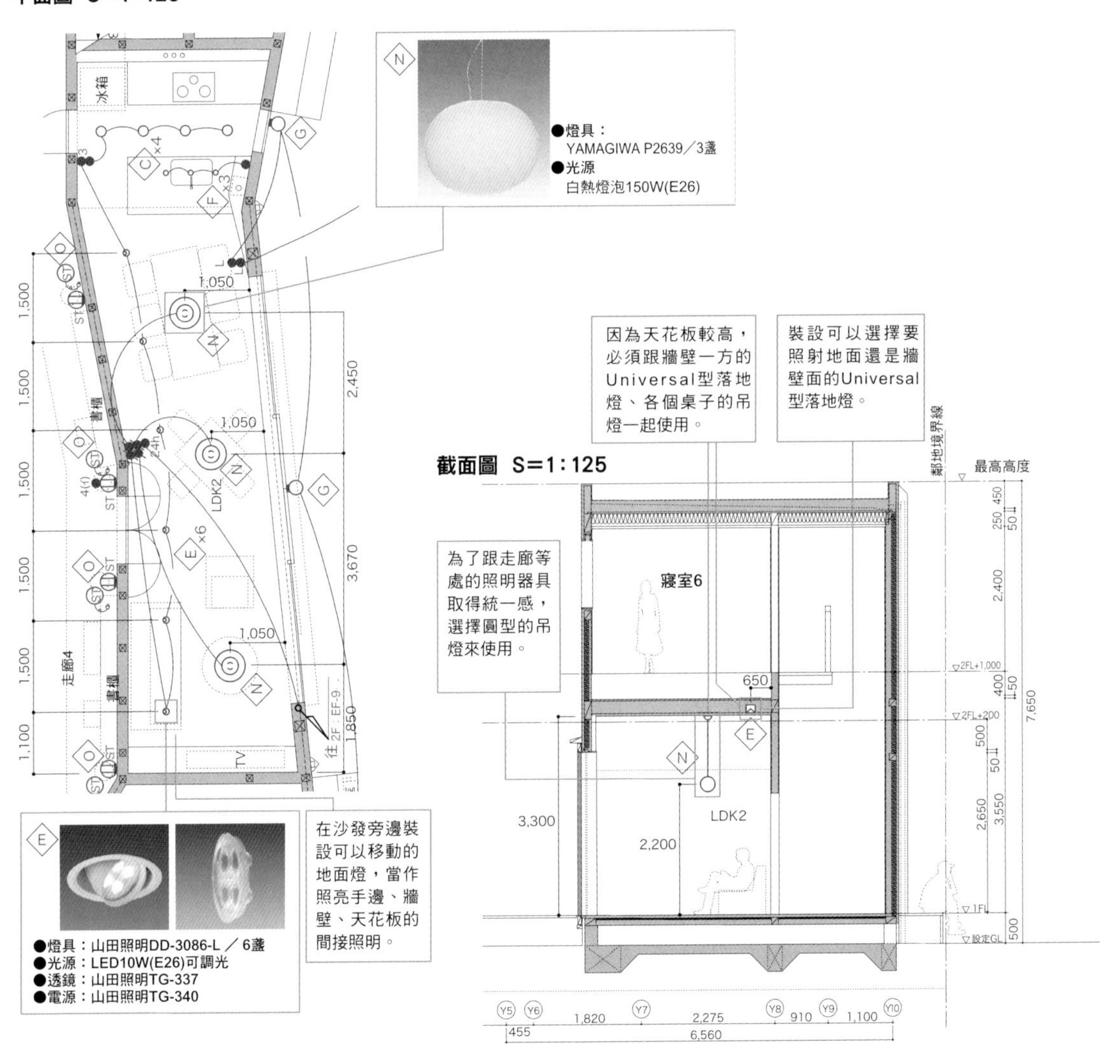

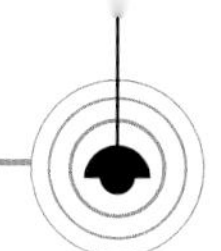

寢室：兼具機能性跟休閒的氣氛

寢室與收納內部，兼具雙方照明效果的落地燈。

平面圖 S=1:110

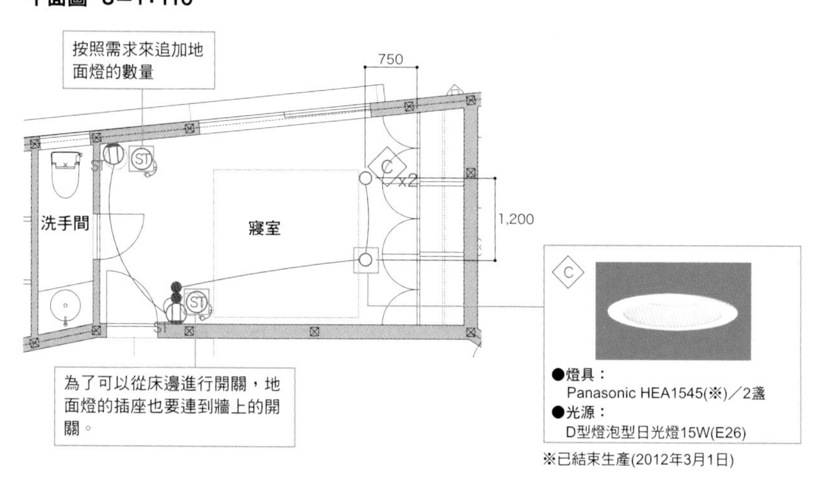

※已結束生產(2012年3月1日)

截面圖 S=1:110

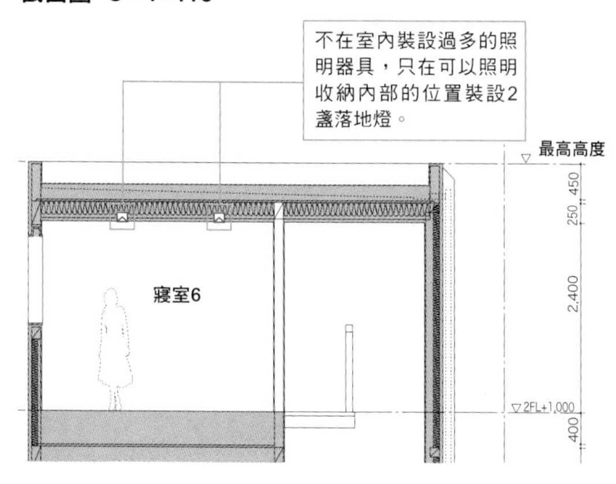

有透天(挑高)客廳的住宅

Mingle gym(Y邸)：地下１層・地上２層建築　總樓面面積94m²
設計：大島芳彥・吉川英之(株式會社blue studio)

「Mingle Gym」一詞，是用一樓跟閣樓「混合在一起」的Mingle，加上攀爬架(Jungle Gym)的Gym組合而成，代表可以讓小孩上上下下，以家族生活上的樂趣為目的的建築設計。

為了讓客戶一邊生活一邊按照喜好創造出屬於自己的照明，透過配線槽(照明用軌道)等設備來提高照明的自由度。

客廳：透過配線槽來確保照明的自由度

因為使用配線槽，就算改變家具的擺設也能簡單的進行調整。

截面圖　S=1：80

裝上配線槽讓將來可以增加燈具數量

收 納
1,250
2,200
CH=3,700
客廳
2,500
CH=2,400
▼2SL
200

讓投射燈面向地板，手邊想要有亮光的時候也能夠對應。

平面圖　S=1：80

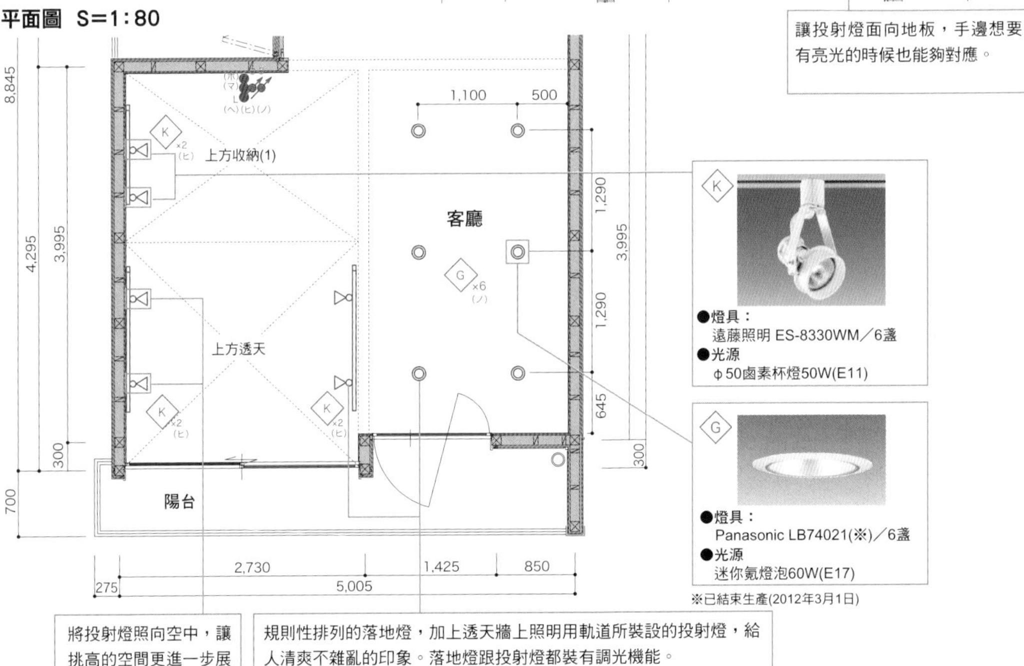

※已結束生產(2012年3月1日)

將投射燈照向空中，讓挑高的空間更進一步展現出開放感。

規則性排列的落地燈，加上透天牆上照明用軌道所裝設的投射燈，給人清爽不雜亂的印象。落地燈跟投射燈都裝有調光機能。

廚房：整體照明、局部照明都使用落地燈

在吊掛式廚櫃的底部裝上落地燈，可以給人整潔清爽的印象。

在天花板裝設整體照明用的落地燈，吊掛式廚櫃底部則是裝設局部照明用的落地燈。

平面圖 S=1:80

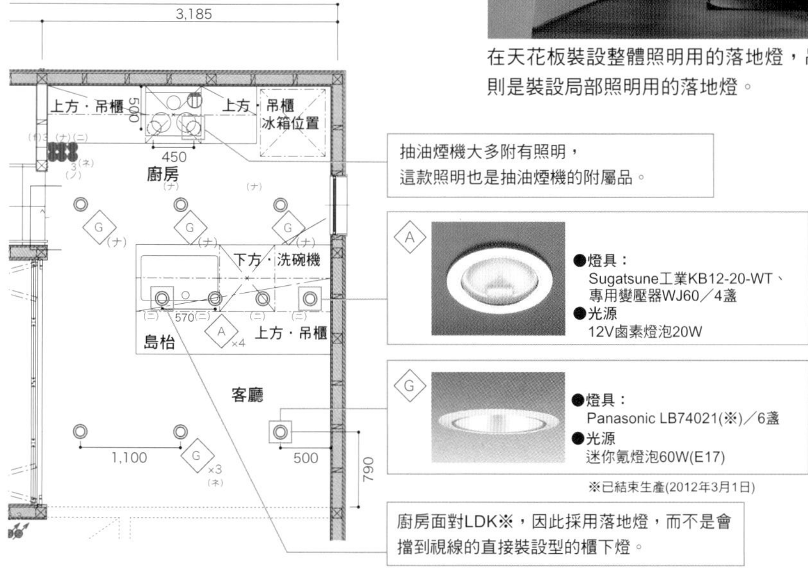

截面圖 S=1:80

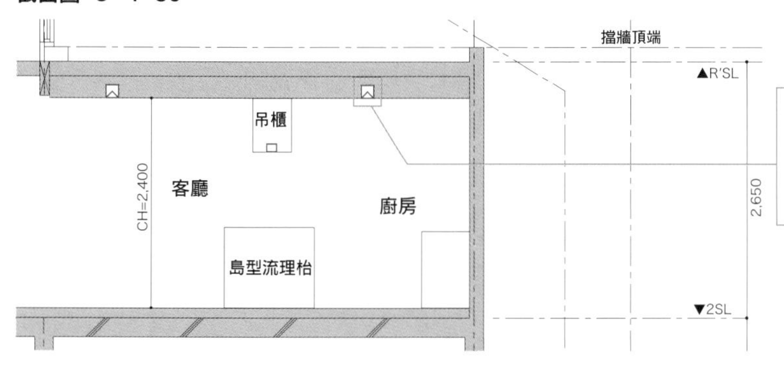

鹵素杯燈的落地光源，跟日光燈相比照射角度較為狹窄，因此將燈具之間的間隔縮短。間隔太寬的話會加大手邊與地面的明暗落差。

1 照明的基礎知識
2 住宅照明的設計流程
3 照明器具的整合與注意點
4 不同區域的照明設計重點
5 案例介紹
6 照明與節能住宅
7 未來的照明設計

小孩房：可柔軟對應的照明

讓人可以分別使用天花板燈與配線槽(軌道)上的投射燈。

平面圖 S=1:80

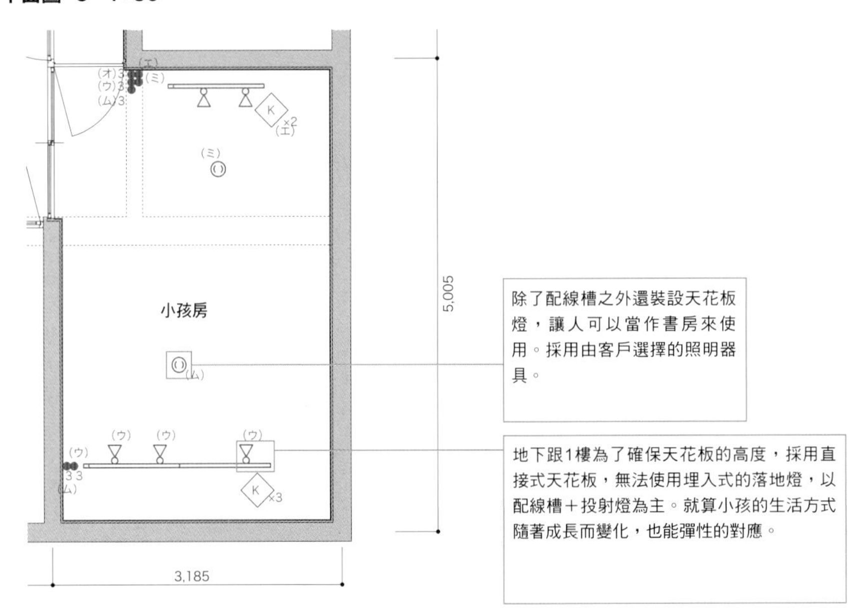

截面圖 S=1:80

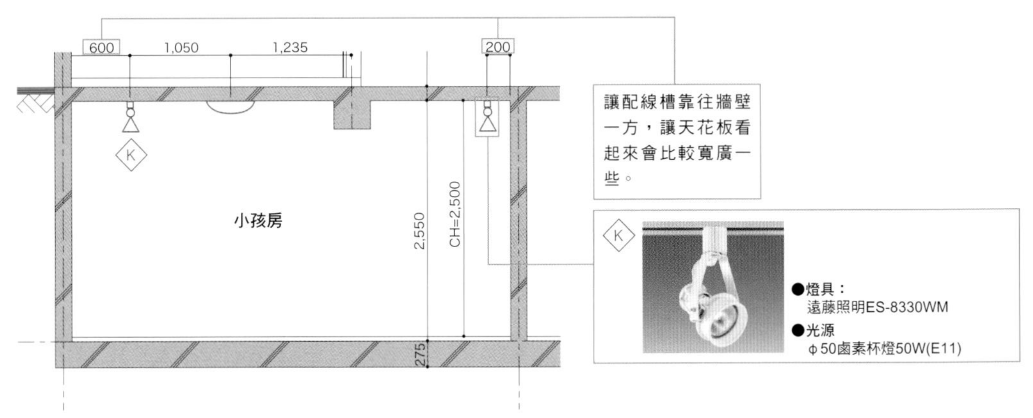

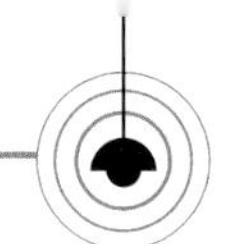

洗手間：設計出機能性的照明

在洗臉台裝有鏡子的收納櫃下方加上間接照明，形成飯店一般的氣氛。

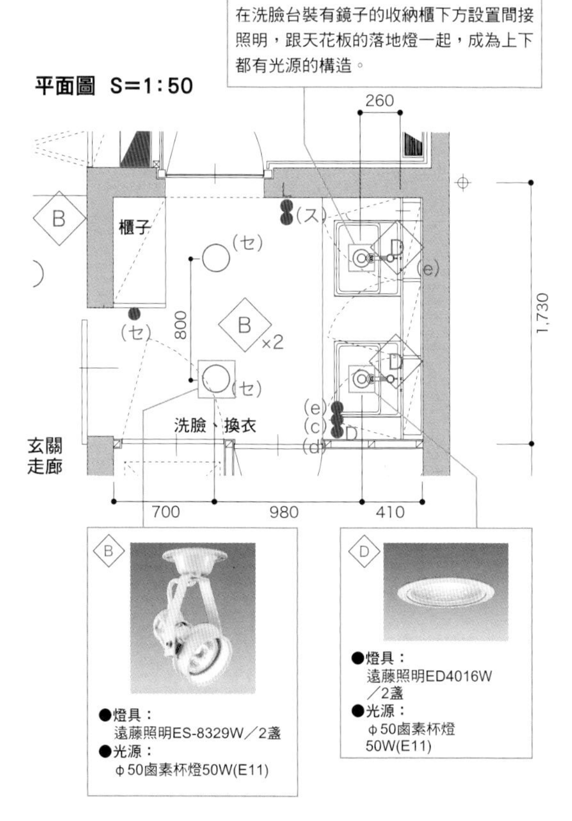

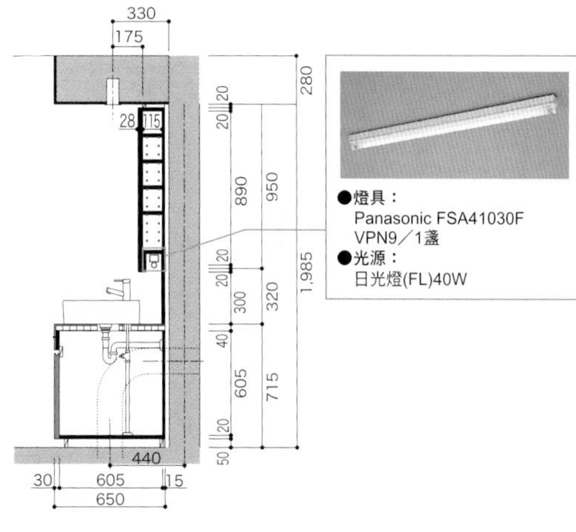

用精簡的照明器具來兼顧美觀與調和的住宅

石神井Pleats：地下1樓、地上3樓總樓面面積538.52m^2
設計：塚田真樹子 建築設計(部分為Infill設計：清水知和)

由6戶的集合住宅所構造而成的「石神井Pleats」，名稱的Pleats指的是住戶之間所劃分出來的空間，由此處讓自然光照進去。因此不用裝設大型的窗戶，也能讓內部得到充分的光線。另外，除了兼具結構與完工表面的水泥區塊之外，盡可能都塗成白色來提高採光效果。

各個住戶統一使用精簡的照明器具，這是因為意圖性的將裝飾省去的建築，跟設計性的燈具組合會給人不搭調的感覺。身為外裝卻又以內部裝潢來出現的水泥塊所擁有的色澤跟質感，與白色的牆壁所形成的對比，跟沒有強烈自我主張的精簡燈具非常相配。

客廳、廚房兼飯廳1：配合樸素的裝潢來選擇照明

廚房與收納一體成型的設計。照明器具也採用單純的吊燈，來與整體環境得到調和。

截面圖 S=1:75

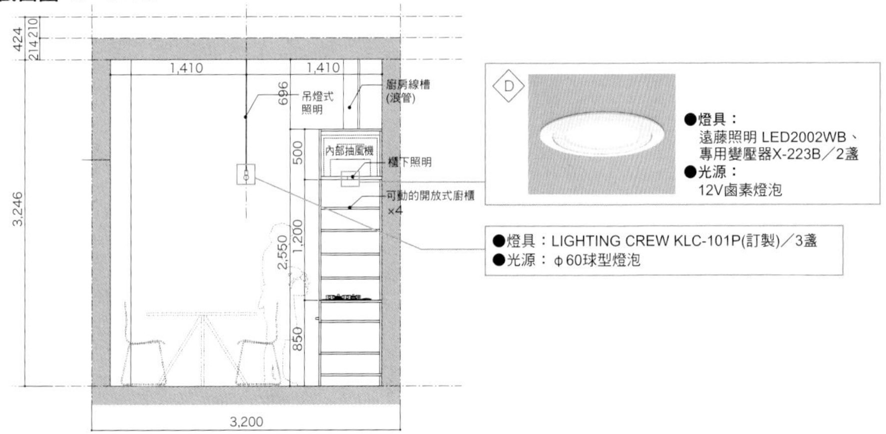

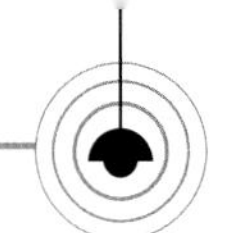

平面圖 S=1：75

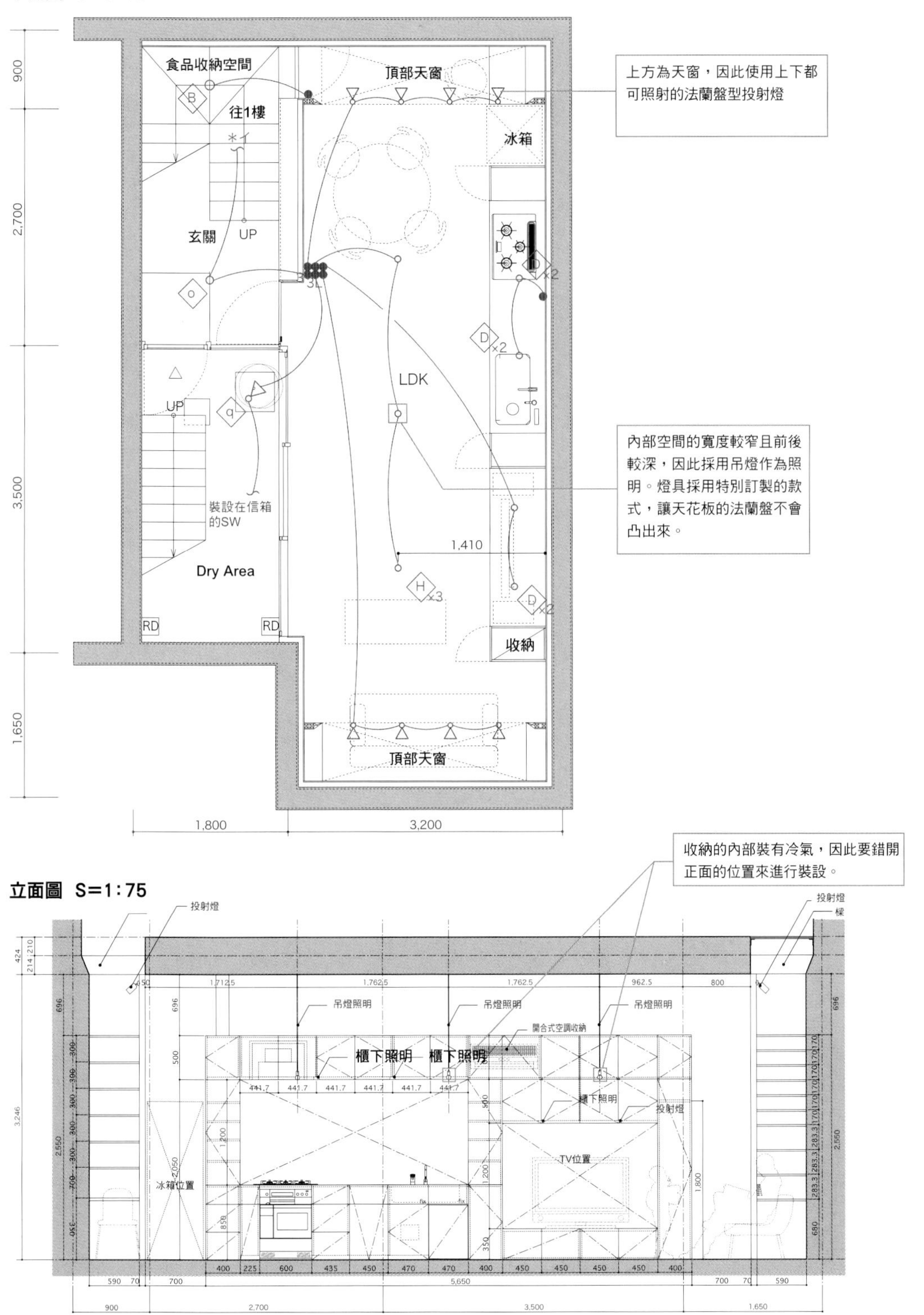
食品收納空間
往1樓
頂部天窗
冰箱
玄關
UP
LDK
裝設在信箱的SW
Dry Area
收納
1,410
上方為天窗，因此使用上下都可照射的法蘭盤型投射燈
內部空間的寬度較窄且前後較深，因此採用吊燈作為照明。燈具採用特別訂製的款式，讓天花板的法蘭盤不會凸出來。
1,800
3,200
900
2,700
3,500
1,650
立面圖 S=1：75
收納的內部裝有冷氣，因此要錯開正面的位置來進行裝設。
投射燈
吊燈照明
櫃下照明
開合式空調收納
TV位置
冰箱位置
5,650

客廳、飯廳兼廚房2：簡單卻又靈活的照明

考慮到家具擺設等將來的可能性，以照明用軌道的手法來增加靈活度。

截面圖 S=1：75

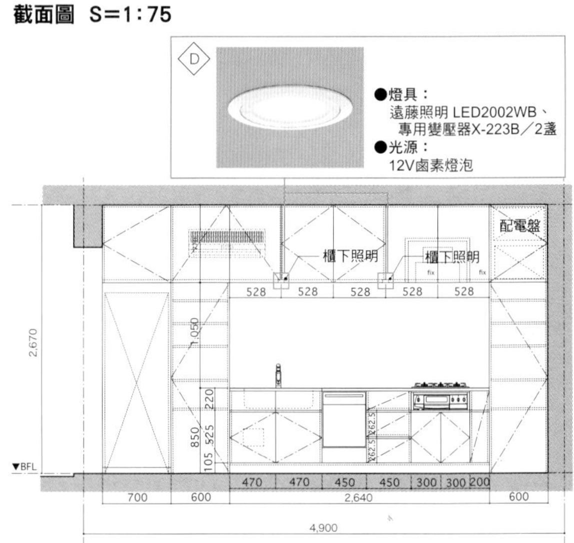

平面圖 S=1：80

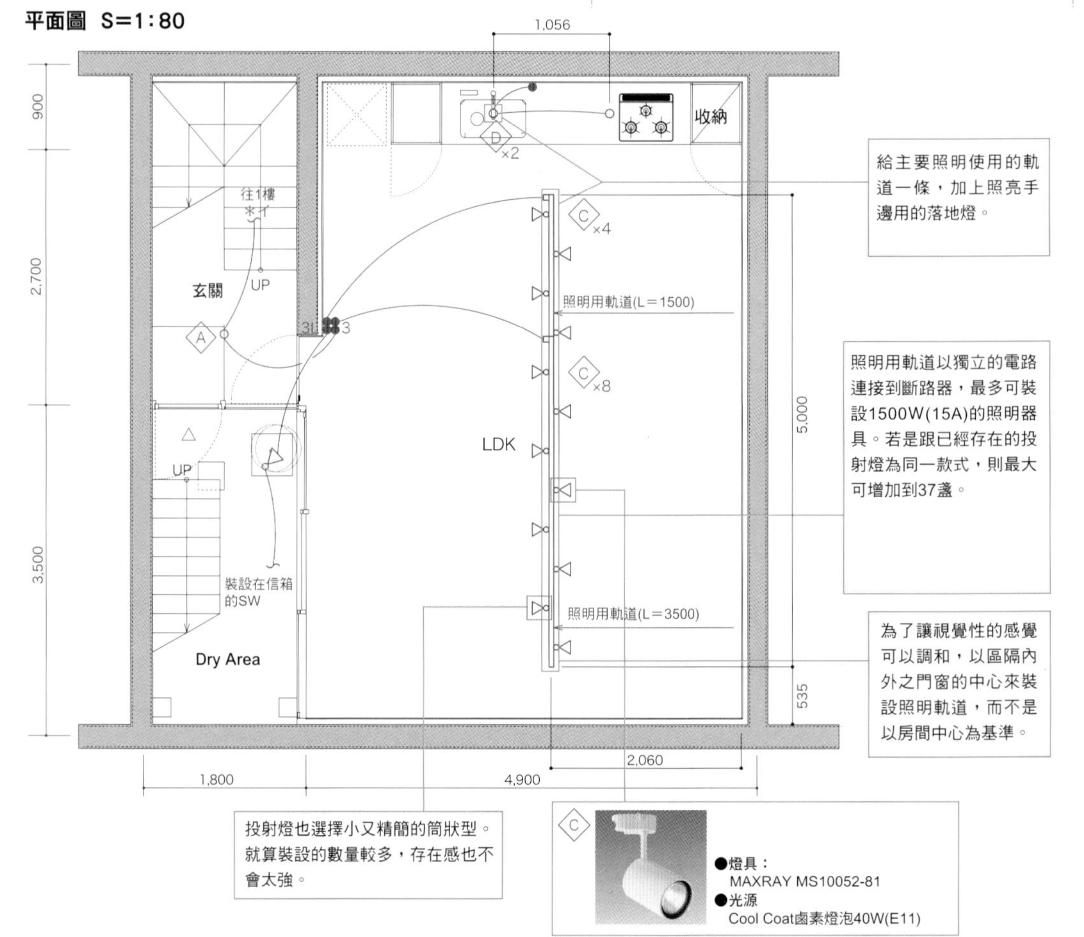

給主要照明使用的軌道一條，加上照亮手邊用的落地燈。

照明用軌道以獨立的電路連接到斷路器，最多可裝設1500W(15A)的照明器具。若是跟已經存在的投射燈為同一款式，則最大可增加到37盞。

為了讓視覺性的感覺可以調和，以區隔內外之門窗的中心來裝設照明軌道，而不是以房間中心為基準。

投射燈也選擇小又精簡的筒狀型。就算裝設的數量較多，存在感也不會太強。

C

●燈具：
MAXRAY MS10052-81
●光源
Cool Coat鹵素燈泡40W(E11)

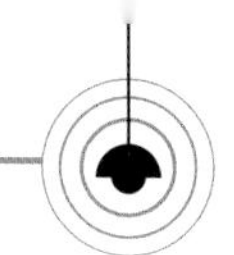

洗臉台、浴室、廁所1：選擇與裝潢相配的照明器具

照片遠處的小窗戶外面就是Pleats空間，室內的光源會透過小窗照到Pleats空間內。

截面圖 S=1:65

為了搭配方形的鏡子跟窗戶，選擇一樣是4角形的燈具

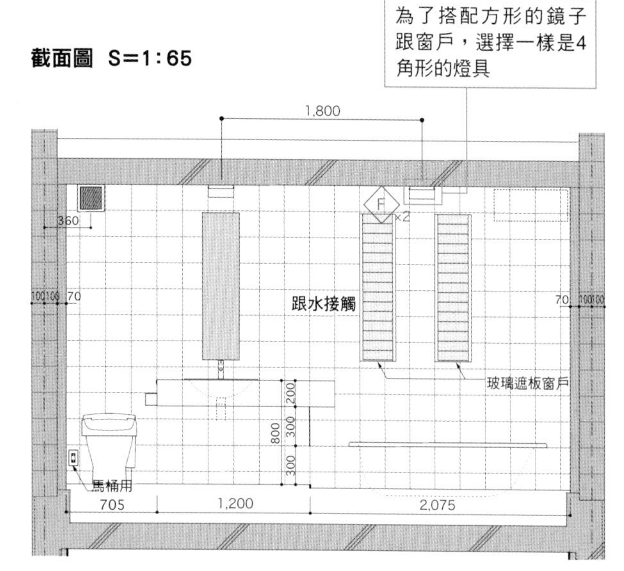

平面圖 S=1:65

洗臉台跟浴缸排在一起，因此採用防濕的玻璃球燈罩。室內全都是乳白色，就算沒有在兩旁裝設照明也能得到充分的亮度。

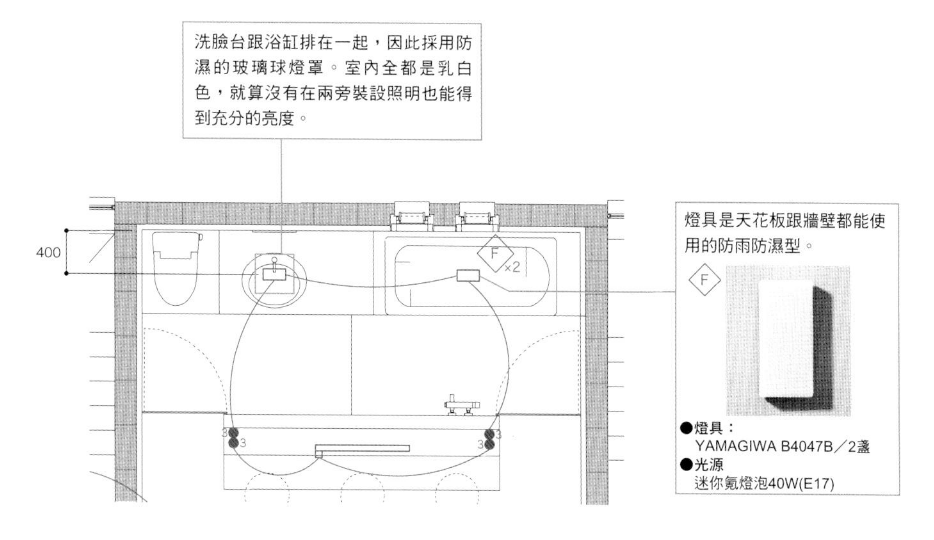

燈具是天花板跟牆壁都能使用的防雨防濕型。

F

●燈具：
YAMAGIWA B4047B／2盞
●光源
迷你氪燈泡40W(E17)

洗手間、浴室、廁所2：讓照明徹底維持精簡

將落地燈裝在邊緣的位置，讓站到鏡子中央的人比較不容易形成陰影。

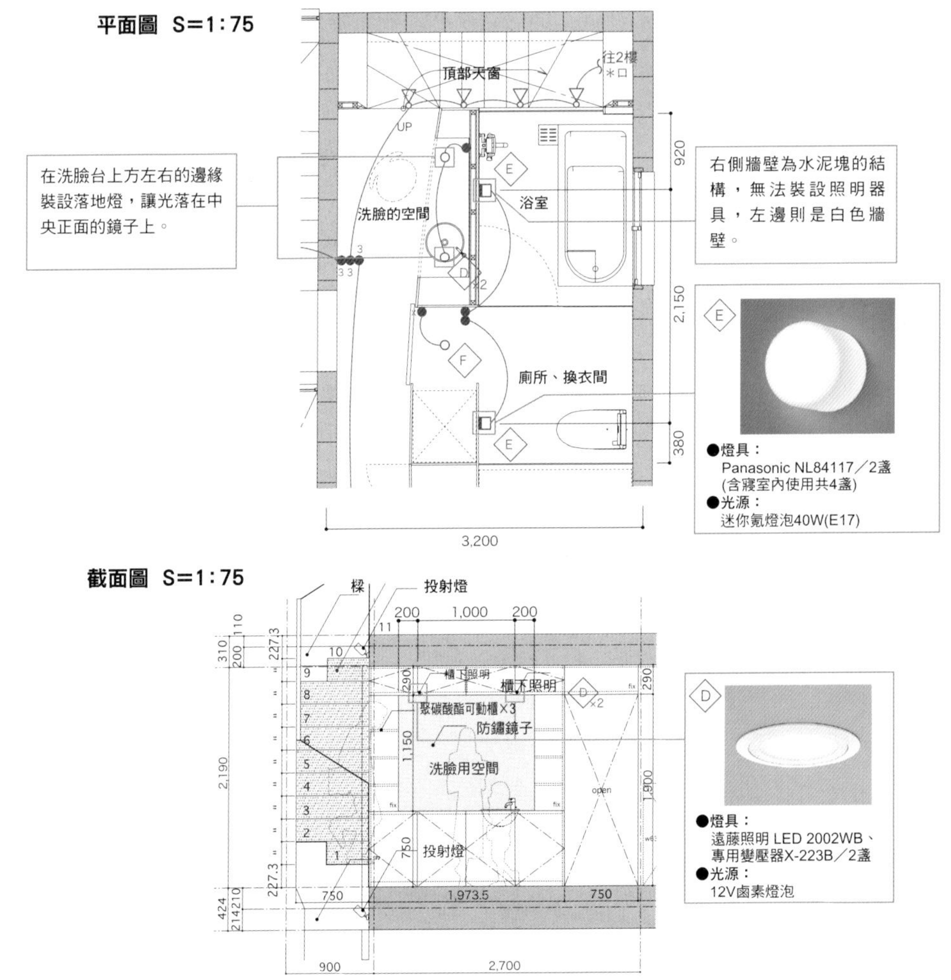

廁所跟照片下方寢室之間的區隔為玻璃，必須使用設計相同的燈具來讓空間的氣氛統一。

立面圖（寢室） S=1：75

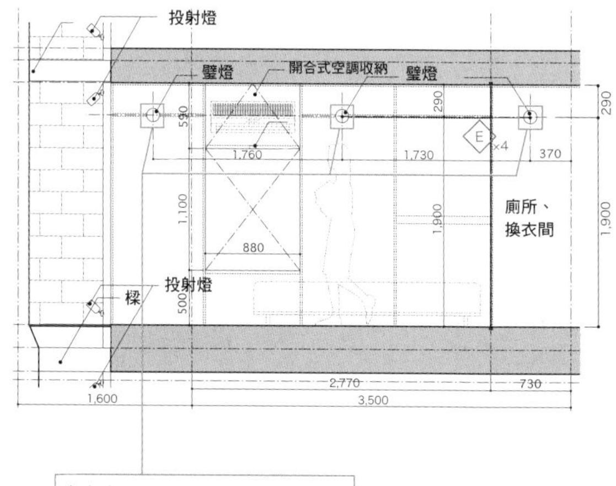

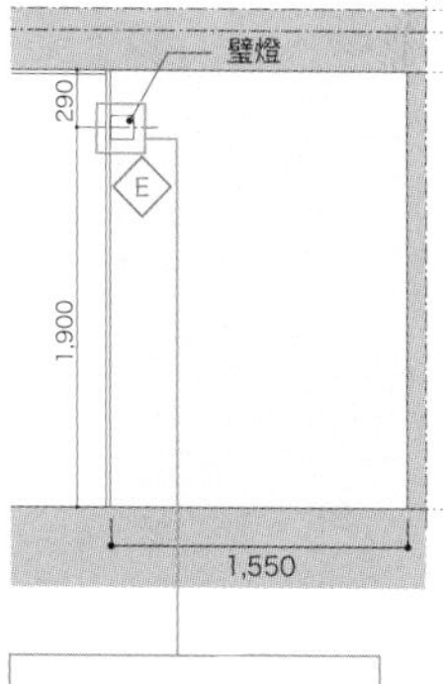

寢室沒有必要使用防潮型的燈具，但為了讓寢室到浴室、廁所等具有伸展性的空間有效呈現，決定將燈具的造型統一。

配合寢室收納門中央的高度來裝設燈具。

小孩的空間：用日光燈來構成簡單的基本照明

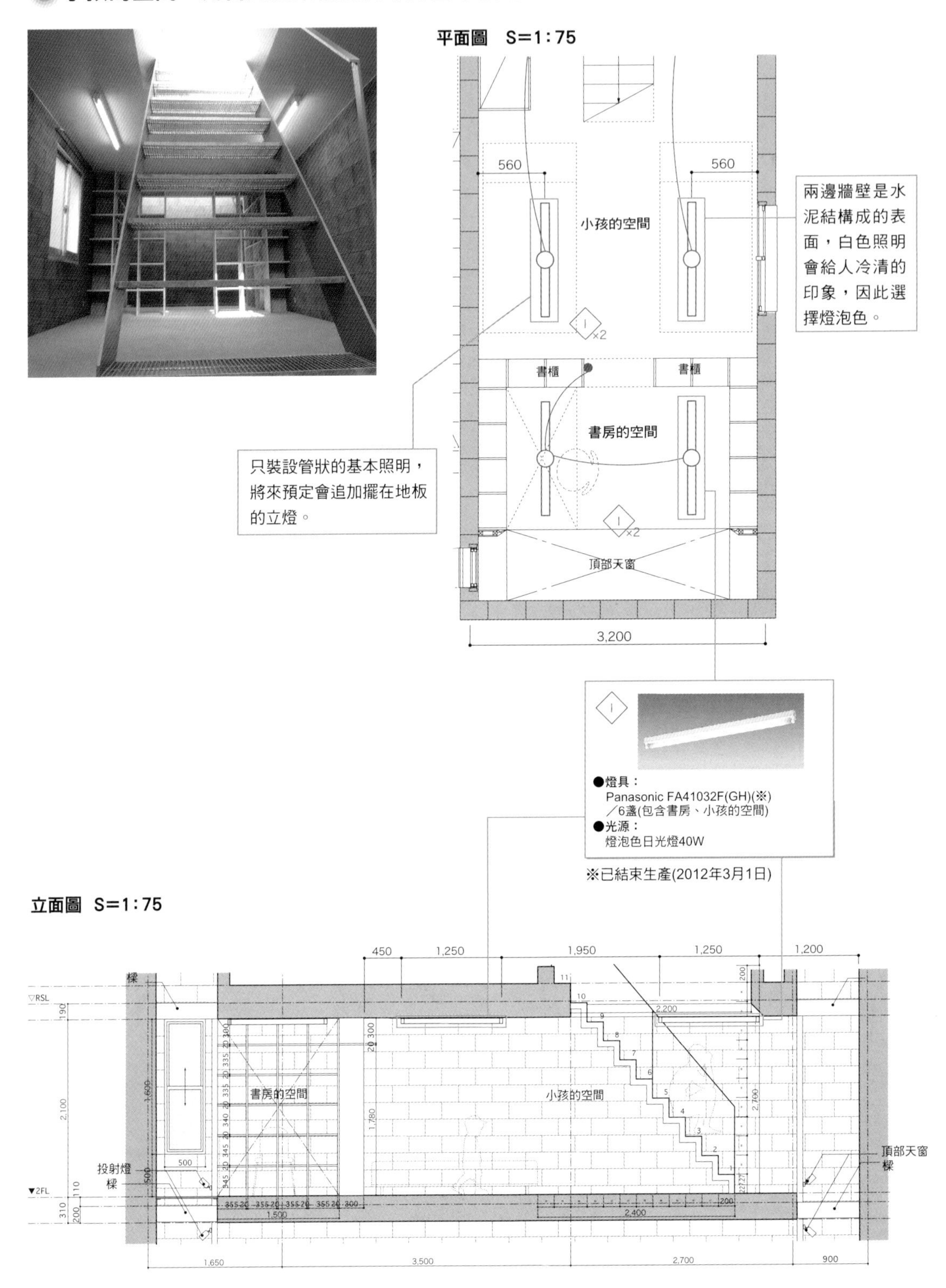

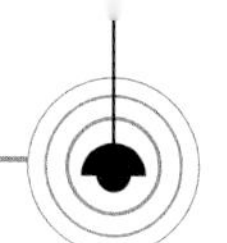

天花板高度與眾不同的住宅

格列佛之家／HOUSE T：地上2樓總樓面面積309.53m²
設計：BE-FUN DESIGN股份有限公司 拍攝：平井廣行

由7個單元所構成的「格列佛之家／HOUSE T」是同時也拿來租賃的住宅，現在有4戶是屋主個人的住宅兼事務所。房間分配考慮到將來可能出現的變化，每個房間都擁有獨特的天花板高度。特別是被稱為格列佛空間的部分，天花板高度為1,300公釐左右，大人雖然無法站起，孩童卻可以行動自如，空間給人的印象隨著身高與姿勢而變化。

本案之中的照明器具沒有裝在天花板，且將燈具數量減到最低，以突顯出天花板獨特的高度與構造。另外還裝有配線槽，將來如果有須要的話可以適當的加裝投射燈。

客廳、飯廳兼廚房、格列佛空間：來自牆壁的照明使人意識到空間的奇特

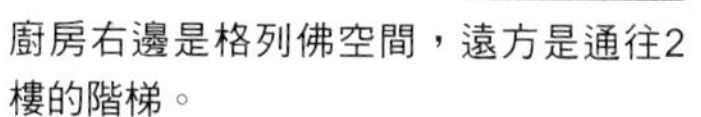

廚房右邊是格列佛空間，遠方是通往2樓的階梯。

客廳上方的伸展台收納

截面圖 S=1:150

將投射燈裝高一點，讓人無法從客廳直接看到光源。

裝設配線槽，方便日後追加投射燈等照明器具。

C

●燈具：
Panasonic
LGB84015(※)／2盞
●光源：
40型鹵素燈泡
(110V用)

※已結束生產(2012年3月1日)

Y5 Y4 Y3 Y2 Y1
M 2樓 2樓 M 1樓
Z5 Z4 Z3 Z2 Z1
伸展台收納 天窗 屋頂 GL+6,253 500 500 客廳 2,610~4,950 廚房 3,540 GL-3,938 格列佛空間 1,330 GL+2,321.2 鍋爐間 走廊 樓梯室 GL+50 GL+50 GL-428 GL-488 GL-428
2,903 1,636 604 1,652 2,071 9,350 6,127

從位在2樓的客廳看廚房

從廚房看格列佛空間與客廳

M1樓平面圖 S=1：150

M2樓平面圖 S=1：150

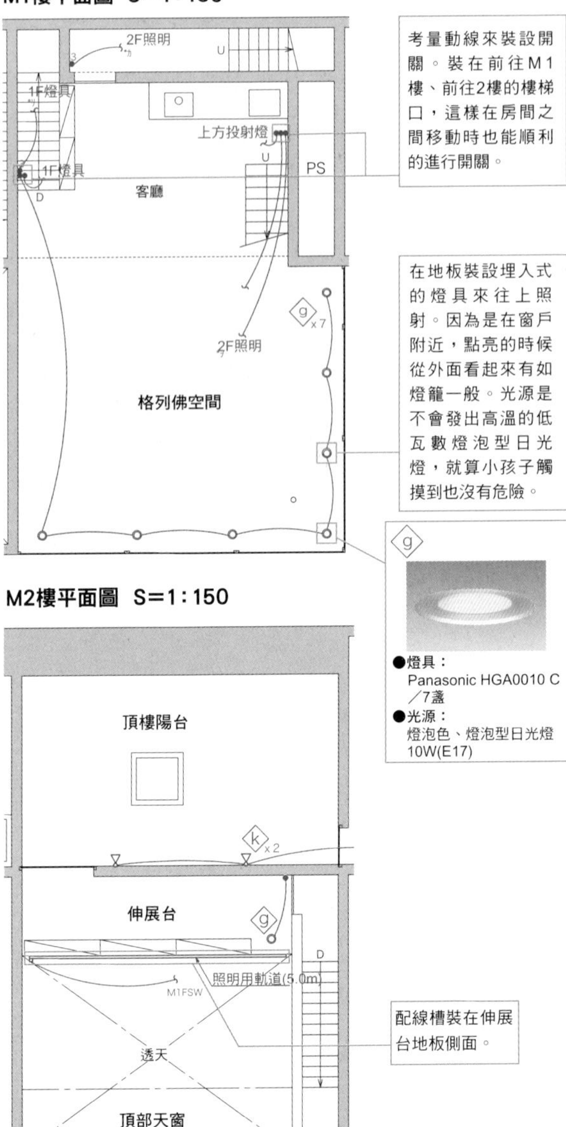

2樓平面圖 S=1：150

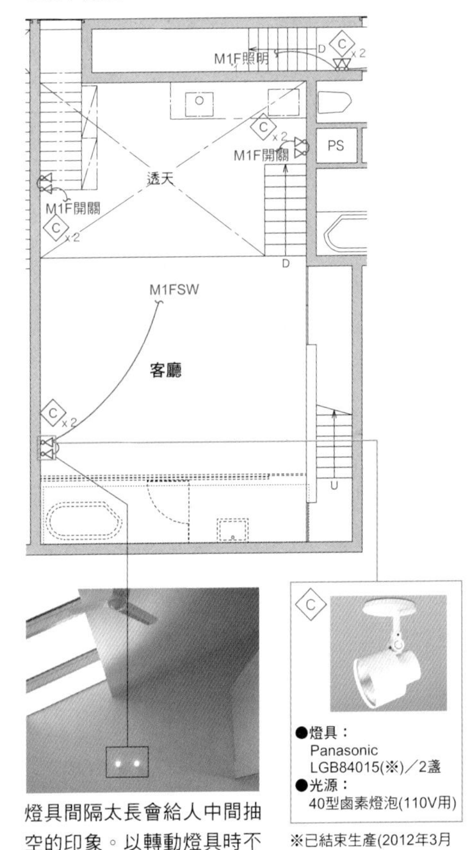

燈具間隔太長會給人中間抽空的印象。以轉動燈具時不會互相干涉為原則，讓2盞燈盡可能的靠近。

※已結束生產(2012年3月1日)

寢室：用來自牆壁的照明加深天花板的風扇與天窗的印象

白天會有自然光從天窗射入。夜晚則是利用反射光(Bounce Light)來得到充分的亮度。因為是寢室，不可讓亮度過高。

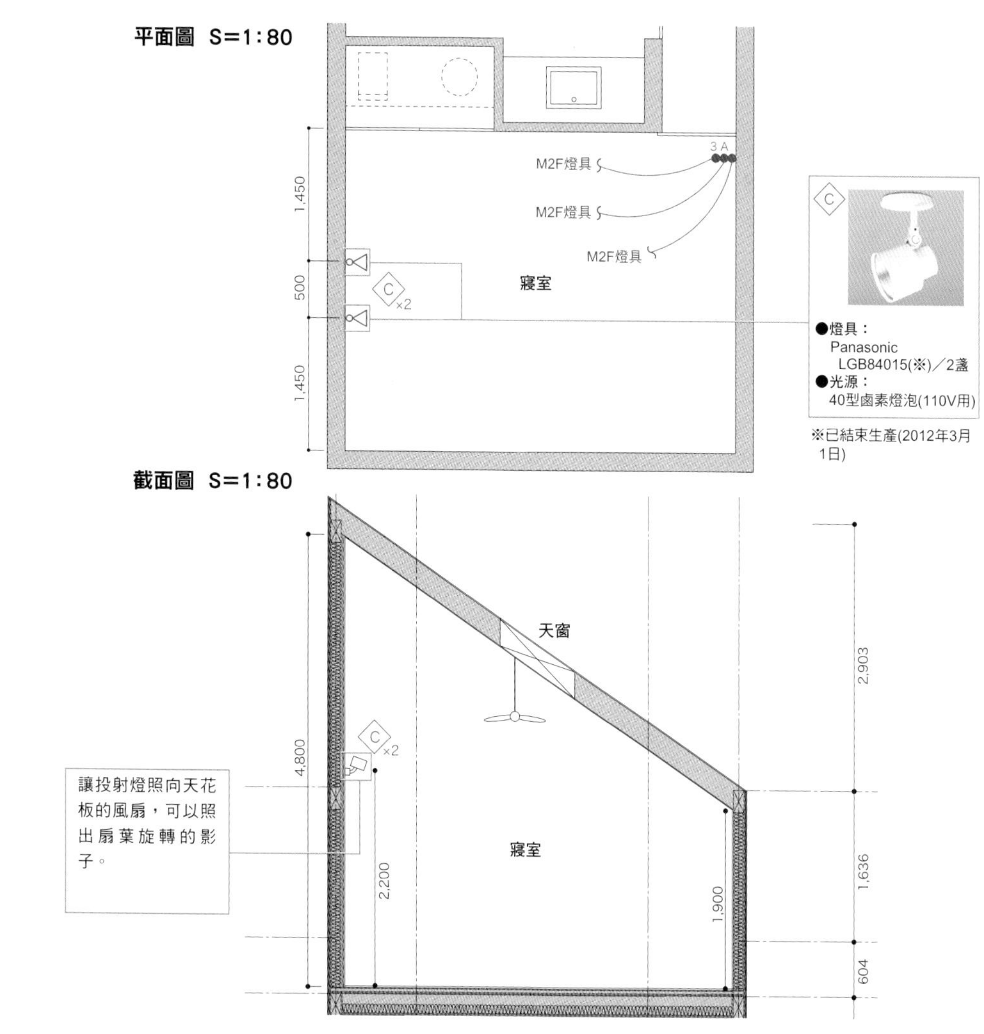

事務所：兼具造型與機能的照明

擴大照片

除了往上的照明之外還使用配線槽，將來佈置有所變化時也能對應。

截面圖 S=1:90

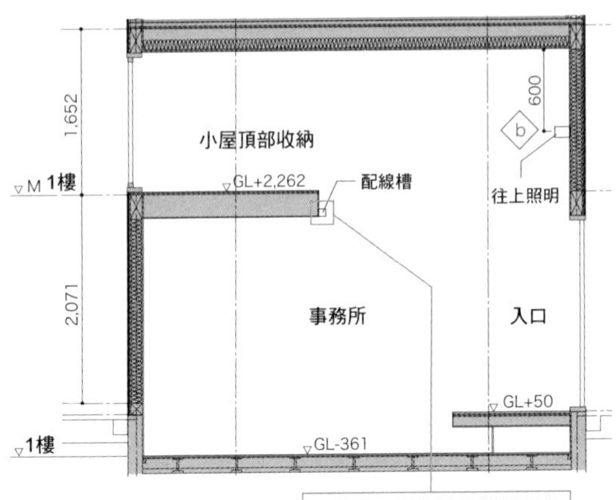

調整裝在配線槽的投射燈數量，來確保手邊所須要的亮度。

平面圖 S=1:90 1樓

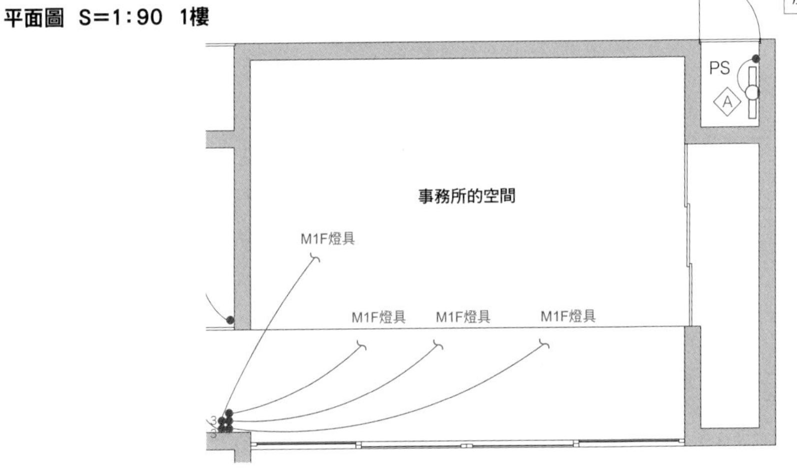

平面圖 S=1:90・M1樓

2,200 1,900 1,900 350

閣樓

照明用軌道(5.0m)

透天

1FSW

350 1,350 1,350 1,450

1,350 1,350 1,350 2,250

d

●燈具：
Panasonic LGB54105
(※)
●光源
40型鹵素燈泡(110V用)

※已結束生產(2012年3月1日)

在面向外面、從上往下凸出的牆壁裝設往上照亮的燈具，用牆壁所反射的光(Bounce Light)來擴散到整個室內。

g

●燈具：
Panasonic HGA0010／5盞
●光源
燈泡色、燈泡型日光燈
10W(E17)

b

●燈具：
Panasonic HGW2881／3盞
●光源
燈泡色20型日光燈

Part 6

照明與節能住宅

用照明手法來思考節能

進行節能的時候，空調與照明可說是效果最為彰顯的兩大類別。自然光線的利用或是最近受到矚目的新型光源等等，在此我們將用這些光源來思考怎麼進行節能。

活用自然光

白天的時候我們可以利用自然的陽光，讓太陽光與人工光源合理性的協調，讓室內得到良好的照明環境。比較簡單的控制方法，是使用晝光感測器。這種裝置會在室外明亮、室內也有自然光進入時降低人工光源的亮度，反之則調高。這樣可以讓環境亮度維持一定，將沒有必要的照明去除來達到節能的效果。

除此之外還有光導管(Light Duct)、太陽光採光系統等，也都是相當受到矚目的自然光照明系統。

用光導管讓自然光進入室內

①橫向光導管的案例

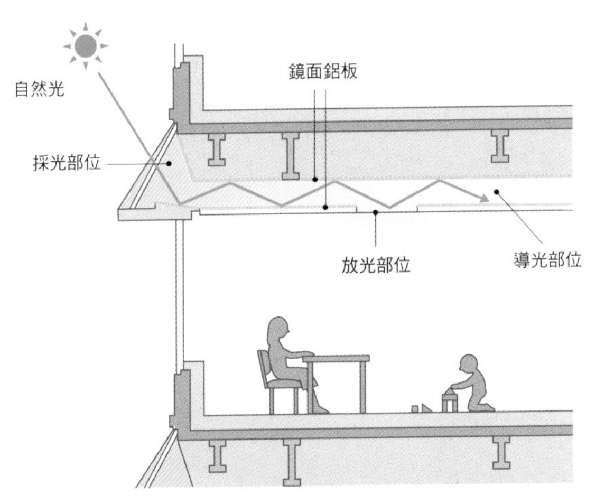

②縱向光導管的案例

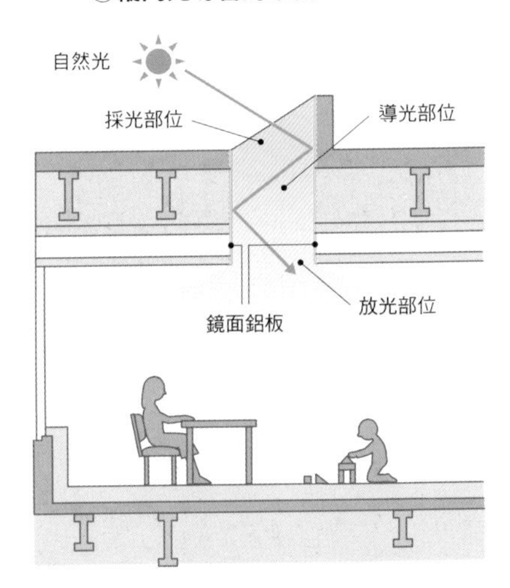

光導管這種技術，會用鏡面的管狀構造來導引自然光，進入室內或地下空間來當作照明用的光源。採光部位會讓光線通過高反光率的鏡子所構成的導管，讓自然光進入外部光線所照不到的場所。光導管所通過的位置跟建築構造有密切的關聯，必須在設計的階段就檢討是否要裝設。

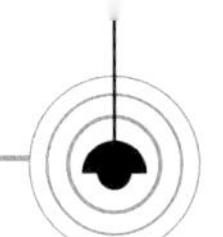

用光導纖維照亮各個房間的太陽光採光系統

①太陽光採光系統的構造

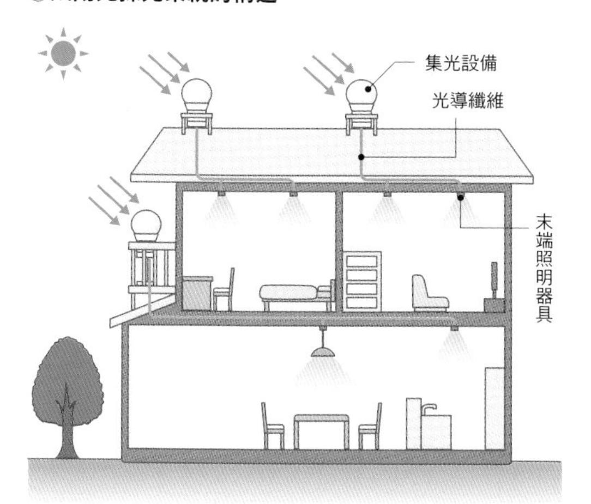

圖1　向日葵集光器

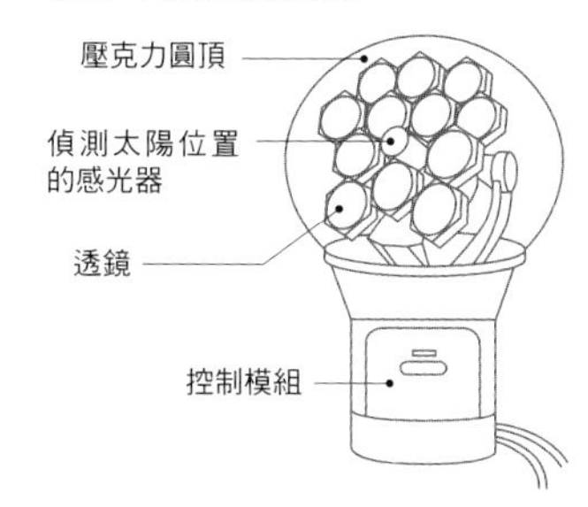

配合太陽的位置來改變透鏡的方向，不受太陽高度等外在因素限制，可穩定的進行採光。

「向日葵」的裝設案例

Laforet Engineering

在屋頂裝設名為「向日葵」的透鏡群體(圖1)，用光導纖維將光傳送到室內。因為有機械性的要素存在，跟光導管相比裝設跟引進費用較為昂貴，並且須要定期的維修。

②一條光導纖維的配光與照度

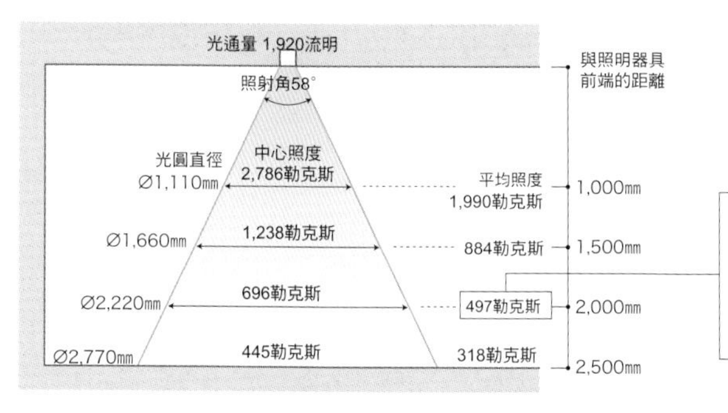

距離照明器具2,000公釐的位置，平均照度為497勒克斯。這是適合讀書或用餐的照度(一般住宅天花板的標準高度為2,400公釐)

③末端照明器具

	投射燈	NA型落地燈	ND型落地燈
照明器具	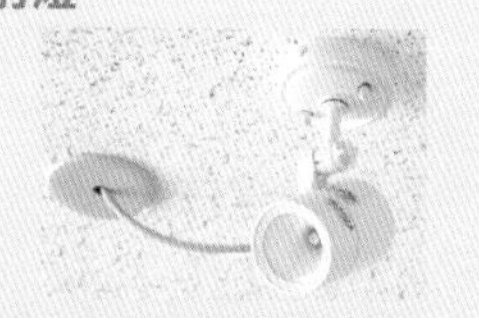		
特徵	●可用手動方式來調整照射 ●可在事後裝到已經完工的建築物上 ●有擴散型的燈具存在	●裝上透鏡可以縮小照射口徑 ●有擴散型的燈具存在 ●天花板內側須要300公釐以上的空間	●天花板內側須要200公釐以上的空間 ●有擴散型的燈具存在

東芝LITEC

LED照明

近幾年來，LED在一般家庭所使用的照明之中取得一席之地，在省電意識高漲的風潮推動之下日漸普遍，對它感到興趣的用戶也是越來越多。就省電方面來看LED的消耗電力相當低，替換一般的白熱燈泡可以節省90～95%左右的耗電量。若是挑選適當的燈泡型LED，則可以使用的燈座跟傳統燈具相同，直接裝上就可以發光。

在此舉出LED光源的優缺點以及維修方面的需求，並跟傳統光源進行比較。

意匠設計師進行照明設計的流程

	①一體成型	②燈泡型
種類	 東芝LITEC	 東芝LITEC
特徵	照明器具跟光源一體成型。	遵循傳統規格的燈泡型。
優點	●LED基板跟燈具可以一起設計，比較容易小型化，散熱等機能也更有效率。 ●可以配合基板來設計反光板，經過製造商詳細的配光設計，可以得到高品質的照明效果。	●可以裝到既有的照明器具(燈座)上。 ●就算燈泡壽命已到，只要燈具本身正常(※註1)，交換光源即可繼續使用。
缺點	●LED的壽命結束時，必須連同整個燈具一起交換，燈具規格相同的話，則不用另外改裝天花板。 ●交換燈具時得進行配線作業，必須由電氣業者來執行。	●就算燈座尺寸相同，有些燈具也不一定能夠使用。 ●亮度跟演色性比一體成型的燈具要差。 ●一般來說LED比白熱燈泡要重，裝設的時候要考慮到重量的問題。

※註1／根據日本電氣用品安全法的規定，包含照明器具在內的電氣製品的使用時數為40,000小時。

①一體成型LED照明器具的種類

	封裝型	積體型
種類		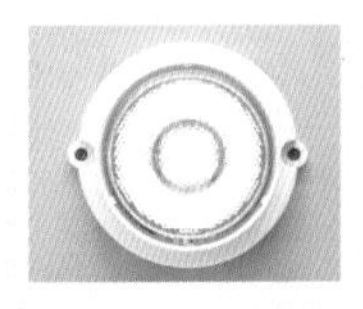
特徵	●將小型的LED晶片集合成一個照明器具。 ●光芒比較不均勻。 ●會出現多重的影子(照片1、照片2) 照片1  照片2 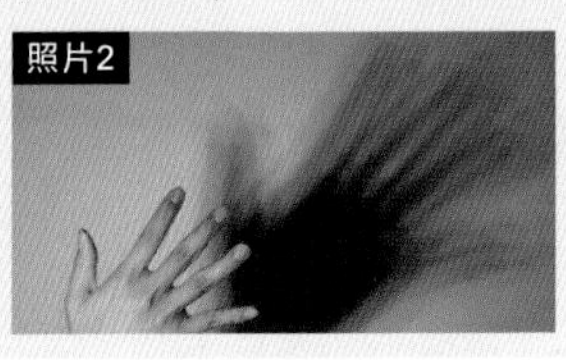	●整合成單一的發光部位。 ●可以得到均等的光芒。 ●不會出現多重的影子(照片3、照片4) 照片3 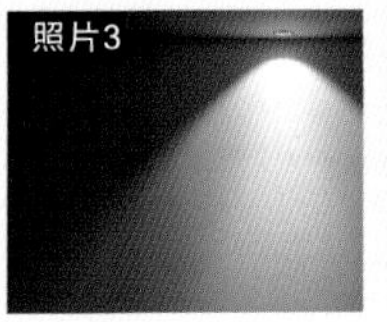 照片4 

Panaconic

②燈泡型LED與白熱燈泡的亮度

●跟一般照明用的白熱燈泡(E26燈座)擁有同等亮度的LED

白熱燈泡瓦數	20	30	40	50	60	80	100	150	200
LED流明	170流明以上	325流明以上	485流明以上	640流明以上	810流明以上	1,160流明以上	1,520流明以上	2,400流明以上	3,330流明以上

●跟迷你氪燈泡(E17燈座)擁有同等亮度的LED

迷你氪燈泡瓦數	25	40	50	60	75	100
LED流明	230流明以上	440流明以上	600流明以上	760流明以上	1,000流明以上	1,430流明以上

社團法人日本燈泡工業會『燈泡型LED性能標示規範』

LED所發出之光芒的性質與傳統燈泡有所差異，選擇的基準單位也從瓦數變更為流明。但若是以正下方的亮光為使用目的，則用瓦數來選擇也沒問題。

燈泡型LED的種類跟對應的白熱燈泡

型式	主要的白熱燈泡	LED款式的範例
LDA	一般照明用燈泡(E26燈座)	
	迷你氪燈泡(E17燈座)	
LDC	枝形吊燈燈泡	
LDG	球型燈泡	
LDR	反射型燈泡、光束型燈泡、反射燈泡、打光用燈泡、附帶鏡子的鹵素燈泡等等	

東芝LITEC

燈座型LED光源跟白熱燈泡配光上的差異

LED

一般白熱燈泡

- LED往後方發出的亮光較少。
- 白熱燈泡幾乎往全方位發光。

日光燈管型LED的特徵與注意點

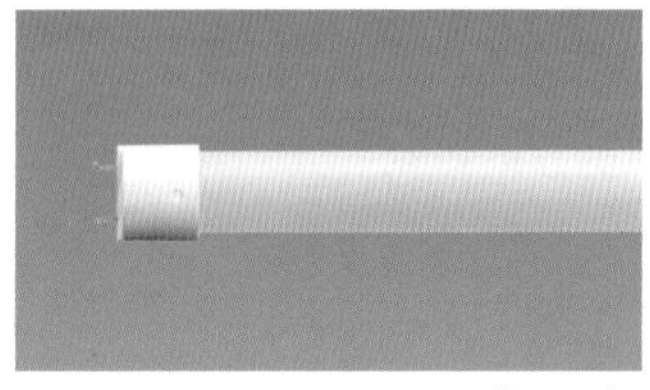
Panasonic

- 跟既有的日光燈管(FL、FLR、Hf)擁有同樣的形狀跟燈座規格，但裝設安定器的部位不同。
- 直接裝到既有的燈座上可能會出現無法亮起、過熱等現象，省電效果也比較差。
- 必須將既有燈座的安定器拆除之後再來使用(要委託專門的業者進行)。

日光燈管型LED的規格

日本在2010年制定了「L型燈座所使用的燈管型LED光源系統(一般照明用)」，規定LED燈管必須使用跟傳統日光燈不同形狀的燈座，無法直接裝在既有的燈具上。

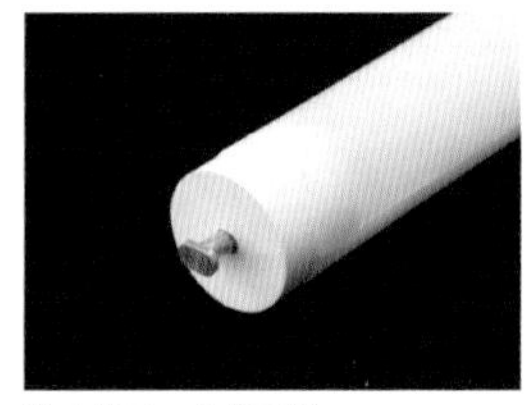
接地端子一方的形狀

供電端子一方的形狀

東芝LITEC

可改變色調的LED

①晝光色

②白晝色

②燈泡色

Panasonic

一直到過去，我們必須更換燈具才有辦法改變照明的顏色，但在LED的場合，就算使用同樣的光源，也能像照片這樣讓色調產生變化。

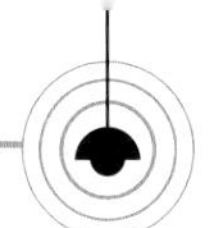

有機發光半導體(OLED)

近年來由各家廠商開始販賣的照明用OLED相當環保，自然性的發光也不會去傷到眼睛。另外還具有整面發出均等的光芒、構造非常輕薄等特徵，跟傳統燈具有著截然不同的性質。因此OLED要是可以普及的話，將大幅改變照明的常規與一般人對它的認識。

OLED的特徵

- 可以整面發出均等的光芒。
- 自然性發光，沒有閃爍不均的現象。
- 可以在不改變厚度的狀況之下，讓地板、天花板、牆壁、桌子等面狀的家具轉變成照明器具。
- 厚度1公釐以下，可大幅節省空間。
- 把塑膠膜當作基板，可以創造出柔軟、可以彎曲的照明器具，讓照明設計更加自由。
- 散發的熱量較少，對生鮮食品跟繪畫等物品的傷害也比較低。
- 能量轉換效率高、消耗電力低，有助於降低二氧化碳排放量。
- 沒有使用水銀等有害物質，是環保的照明器具。

OLED的構造

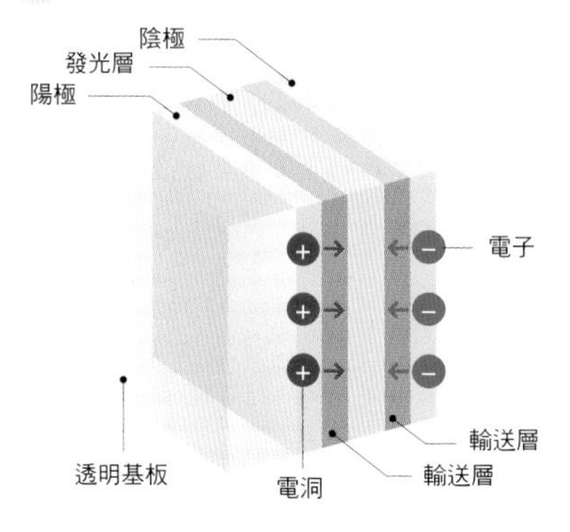

對正極、陰極賦予電壓，因此產生的電洞跟電子通過輸送層，在發光層進行結合。這讓發光層進入高能量狀態，從高能量狀態回到原本的穩定狀態時發出亮光。

跟既有照明的差異

	OLED	白熱燈泡	日光燈	LED
特徵	●以面來發光 ●節能 ●發熱量較低 ●厚度較薄 ●重量較輕 ●較為環保	●點狀發光 ●耗電量大 ●發熱量高 ●色調與自然光接近	●線狀發光 ●節能 ●使用水銀當作材料	●點狀發光 ●節能 ●壽命較長 ●容易小型化 ●環保
用途	所有居住空間、辦公室、裝飾性照明、車內照明等…	客廳、寢室、間接照明等等	所有居住空間、辦公室、商業設施等等…	所有居住空間、間接照明、投射燈等等…

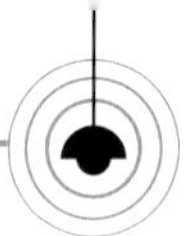

OLED照明的普及可節約20%的耗電量

年份					耗電量
2005年	日光燈 45%	白熱燈泡 37%	其他 18%		2.6兆 KWh
2030年	日光燈 50%	白熱燈泡 32%	其他 18%		4.2兆 KWh

▼ OLED照明若是普及…

年份					耗電量
2030年	OLED照明 23%	日光燈 31%	白熱燈泡 24%	其他 22%	3.5兆 KWh

上圖為全世界整體的耗電量。2005年是國際能源署所計算的實際數據，2030年為國際能源署的預估，OLED普及之後的數字為柯尼卡美能達公司的試算。以持續使用現在的光源，跟將50%的日光燈、40%的白熱燈泡換成OLED時的耗電量進行比較。結果發現可大約節省20%的耗電量。

OLED照明的可能性

Nittei(試作品)／NEC Lighting

活用OLED之「薄」「輕」「柔和的光芒」等特徵，設計成有如編織物一般的天花板燈。

Infinite Puzzle(試作品)／NEC Lighting

將OLED的薄片插到板子上來進行發光。這是又薄又輕的OLED才有辦法實現的裝飾性照明。

利用那又輕又薄的面狀發光的特徵…

讓天花板的整體或一部分轉變為照明，形成用OLED的柔和光芒將人與空間包覆起來的演出效果。

利用那又薄又輕且可以彎曲的特徵…

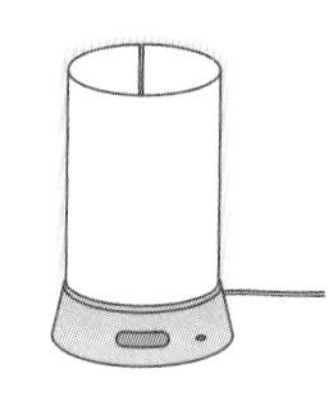

將車輛內部複雜的曲面改裝成照明，以過去不曾有過的形狀來實現照明。

Part 7

未來的照明設計

用明亮的感覺來設計照明

照明設計，大多會將空間整體的平均照度當作基準。但隨著多燈分散的手法漸漸成為主流，以「明亮感」來進行設計的必要性越來越高。在此介紹將視野內明亮之程度，也就是明亮感數據化的技術。

Visual Technology研究所「REALAPS」

在建築設計的階段，我們會製作插畫、模型、CG的遠近圖來表現完成之後的空間，但這些模擬的意象圖，並沒有辦法表達出現實的光芒與內部裝潢實際的色澤、肉眼適應的狀況。因此很難精準預測空間實際的亮度跟完成之後所呈現出來的感覺。

針對這點所研發出來的，是設計外觀＝Appearance的技術。Appearance設計支援軟體．REALAPS會按照測光來進行CG模擬，測定亮度與明亮的程度(知覺色)來製作影像，綜合視覺圖、照度圖來進行分析，精準的預測實際狀況，讓我們在設計階段就看到完成之後的空間會是什麼樣子。REALAPS的協助，讓我們在整個設計過程之中可以定量性的檢討實際呈現的感覺。

重現空間真實的呈現方式來進行評估

①預測對比效果、計算必要的光量

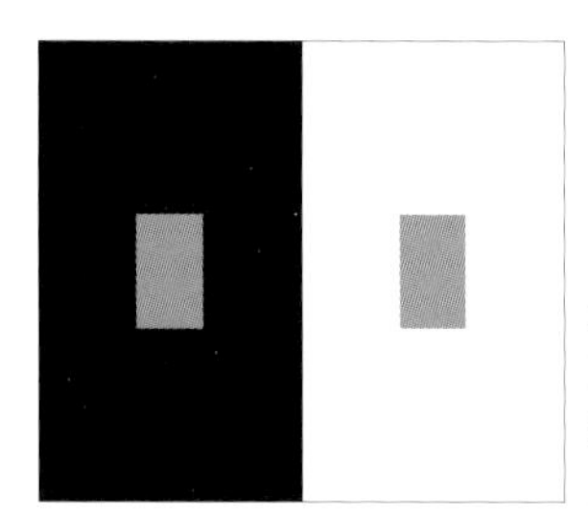

左右兩張圖中央灰色的部分顏色與大小相同，但受到背景顏色的影響，左邊卻顯得較為明亮。預測這種對比效果，讓我們得知要有多少的亮光，才能達到目標的知覺性亮度與顏色。

②重現真實的呈現方式

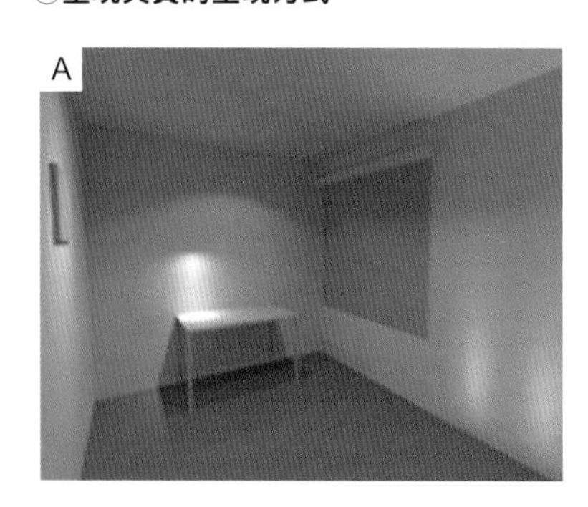

A是夜晚、B是白天的空間，兩者都是將電腦模擬的結果顯示在銀幕上。圖中的兩者雖然都將同樣的照明器具點亮，但B卻很難看出燈具有被點亮。這是因為人的眼睛適應白天的亮度。REALAPS可以像這樣調整適應的效果，重現空間真實的呈現方式。

③評估視認性

↑視認性較佳

↓視認性較差

B是將A轉換成視認性影像。視認性指的是細微部分能否被確認的程度，B會透過顏色來將視認性的好壞轉換成數據，讓人可以一眼就確認到結果。另外還能對高齡者、弱視者的視認性進行評估。透過這項技術，我們可以在計劃階段就對視認性進行改善。

④評估眩光

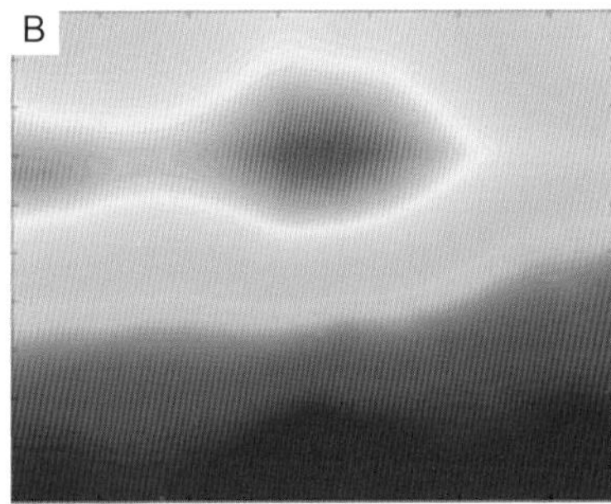

28 無法忍受
25 不愉快
22 開始有不愉快的感覺
19 令人在意
16 開始令人在意
13 有眩目的感覺
開始有眩目的感覺

B是將A轉換成眩光修正的影像。眩光修正影像會用顏色來標示讓人感到不愉快的部分。修正這些讓人感到不愉快的部分，將可以實現舒適的照明環境。

⑤推定適應狀況

推定從明亮的室外走進較暗的室內時，肉眼所能適應的程度。事先模擬肉眼的適應狀況，讓我們可以在計劃照明的階段就一邊確保充分的亮度跟理想的呈現方式，一邊將不必要的照明去除來達到省電效果。

在計劃照明時檢討外觀，也能達到節能的效果

提出各種數據跟擬真圖像	●在施工之前的討論會議中，簡單有力的進行介紹，對客戶也更具說服力。 ●設計者可以藉此策劃出綿密的照明計劃。
組合自然光與人工照明將明亮的感覺數據化	●讓設計者計劃出自然光源與人工照明的最佳組合。 ●讓人可以活用在照明的節能設計上。

照片、圖案提供／Visual Technology研究所

結語

照明計劃會改變空間的舒適性跟整體環境給人的印象。在建築計劃之中往往被當作配角，其實卻又無比重要的這個Lighting Design，正是我們所負責的工作。

不過在近年來，照明計劃的重要性開始被一般大眾所認識。個人住宅跟集合性住宅也漸漸擺脫只使用天花板照明的單純手法，落地燈與間接照明不再是什麼特別的裝置。

不論是大型建築還是居家空間，裝上燈具來簡單照亮的時代已經結束，在追求照明品質的過程之中，Lighting Design的重要性與日俱增。而如何降低照明所須的成本，相信會是日後越來越受到重視的元素之一。

照明計劃，絕對不能只用單一的觀點來進行。用材料學、心理學、物理學、現象學的角度來思考照明，並且將客戶所須要的、所追求的光芒具體呈現出來，這是照明計劃之中的核心部位。

照明器具、建築的外牆與內部裝潢、可以用光來突顯出魅力的產品等等，如何創造出適合各種材料的照明，是材料學的觀點必須思考的部分。另外也不可以忘記照明對人的心理所帶來的影響。事先預測人們的活動，創造出適合這些活動的照明環境，屬於心理學的領域。而就物理學的觀點來看，則是有空間的高照度化、燈具的節能化等等，是否可以柔軟對應時代需求等課題存在。而理所當然的，光的呈現方式無法完全用數據來決定，透過精密的實驗跟體驗來進行照明計劃，則屬於現象學的領域。

同時使用以上4種觀點，並且意識到建築物的形象、氣氛，以及集中在此處的人們的性質，可以讓照明計劃順利執行。

本書的目的在於用淺顯易懂的方式，將以上這些元素融入照明計劃之中。由衷希望本書可以幫您實現完美的照明設計。

最後要感謝將各種貴重的資料提供給本書使用的建築師、建築事務所、製造廠商，還有提出各種寶貴建議的林木茂利先生、Visual Technology研究所的金谷末子先生，本人在此表達最深的感謝。

EOS plus
(遠藤和広、高橋翔)

參考論文

岩井彌「考慮高齡者視覺特性的照明方法」松下電工特報 2003／8

參考文獻、資料

照明學會技術指針『照明設計的維護係數跟維修計劃(第3版)』社團法人照明學會
『超實踐性「住宅照明」手則』(福多佳子)X-Knowledge
『全世界最為柔和的照明』(安齋哲)X-Knowledge
日本燈泡工業會指南『燈泡型LED性能標示規範』、『燈泡型LED的種類與對應的白熱燈泡』社團法人日本燈泡工業會

協力

■NEC Lightening 股份有限公司
東京都 港區 芝1-7-17 03-6746-1500
http://www.nelt.co.jp/

■Odelic股份有限公司
東京都 杉並區 宮前1-17-5 03-3332-1123
http://www.odelic.co.jp/

■加藤晴司建築設計事務所
東京都 杉並區下高井戶2-10-3-1212 03-5300-8450

■遠藤照明股份有限公司
大阪府 大阪市 中央區 本町1-6-19 06-6267-7015
http://www.endo-lighting.co.jp/

■Visual Technology研究所 股份有限公司
東京都 世田谷區 用賀4-11-20-202 03-5797-9178
http://www.vtl.co.jp/

■BE-FUN DESIGN股份有限公司
(Y STUDIO)東京都 澀谷區 代代木5-65-4 03-6423-2980
(H STUDIO)東京都 澀谷區 本町2-45-7 03-5365-1703
http://www.be-fun.com/

■Blue Studio股份有限公司(大島芳彥、吉川英之)
東京都 中野區 東中野1-55-4 大島Building第2別館03-5332-9920
http://www.bluestudio.jp/

■PROTERAS股份有限公司 Luci事業部
東京都 目黑區 下目黑1-8-1 Arco Tower 11F 03-5719-7409
http://www.luci-led.jp/

■聯合設計社 市谷建築事務所 股份有限公司
東京都 千代田區 富士見2-13-7 03-3261-8286
http://www.rengou-sekkei.co.jp/

■KOIZUMI照明 股份有限公司
大阪府 大阪市 中央區 備後町3-3-7 0570-05-5123
http://www.koizumi-lt.co.jp/index.html

■國際ROYAL建築設計一級建築士事務所
東京都 新宿區 大久保區2-9-12-3FB 03-3202-9799
http://www.iraap.jp/

■清水知和
千葉縣 市川市 本行德 23-17-1-202 047-357-9870

■Sugatsune工業股份有限公司
東京都 千代田區 岩本町2-5-10 03-3864-1122
http://www.sugatsune.co.jp/

■住化Acryl販賣 股份有限公司
東京都 中央區 新川1-6-11 New River Tower 4F 03-5542-8630
http://www.sumika-acryl.co.jp/

■大光電機 股份有限公司
大阪府 大阪市 中央區 高麗橋3-2-7高麗橋Building 06-6222-6240
http://www.lighting-daiko.co.jp/

■高橋堅 建築設計事務所
東京都 千代田區 岩本町3-4-11 笹倉Building 3F 03-3865-3646
http://kenkenken.jp/

■塚田真樹子建築設計
東京都 練馬區 下石神井6-12-15 03-5372-7584
http://www15.plala.or.jp/maaa/

■DN Lighting股份有限公司
東京都 品川區 西五反田1-13-5 03-3492-4460
http://www.dnlighting.co.jp/

■東芝Lighting股份有限公司
神奈川縣 橫須賀市船越町1-201-1 046-862-2017
http://www.tlt.co.jp

■Panasonic股份有限公司 Eco Solution公司
大阪府 門真市 大字門真1048 0120-878-365
http://panasonic.co.jp/es/

■Panasonic電工SUNX股份有限公司
愛知縣 春日井市 牛山町2431-1 0120-394-205
http://panasonic.co.jp/id/pidsx/

■FARO Design有限公司一級建築士事務所(住吉正文)
東京都 文京區 本鄉2-39-7エチソウルBuilding 201 03-6801-9733
http://www.faro-design.co.jp/index.php

■MAXRAY股份有限公司 東京分店
東京都 目黑區 中目黑1-4-20 03-3791-2711
http://www.maxray.co.jp/

■YAMAGIWA股份有限公司
東京都 中央區 八丁堀4-5-4-6F 03-6741-2340
http://www.yamagiwa.co.jp/

■山田照明股份有限公司
東京都 千代田區 外神田3-8-11 03-3253-5161
http://www.yamada-shomei.co.jp/

■Laforet Engineering股份有限公司
東京都 港區 六本木6-7-6 六本木ANNEX 7F 03-6406-6720
http://www.himawari-net.co.jp/

PROFILE

EOS plus 股份有限公司

以建築師的設計理念來進行plus α環境提案的設備設計集團，以減少地球環境的破壞跟守護客戶利益為目標，執行建築設備資訊、設計、監理、照明設計、建築圖面的製作以及建築設計等業務。

遠藤 和広

EOS plus 股份有限公司 代表董事

出生於1963年在關電工股份有限公司學習建築與施工之後，在日永設計股份有限公司向木林茂利先生學習。1999年成立EOS設備工房。之後改組為EOS設備工房股份有限公司，在2008年將名稱改為EOS plus 股份有限公司。具有建築設備檢查資格、情報處理技術檢定2級、第1種、第2種電氣工程士、2級電氣設備施工管理技士、消防設備士甲種4類、照明學會認定照明士、二級建築士、CASBEE建戶評價委員、鋼筋水泥系公寓健康診斷技術人員。

高橋翔

EOS plus 股份有限公司 董事 Lighting Planner

出生於1982年，2003年畢業於青山製圖專門學校店舗設計Design科之後，就職於EOS設備工房股份有限公司（現在的EOS plus 股份有限公司）。照明學會認定照明士、照明學會顧問。

TITLE

大師如何設計：最完美住宅照明

STAFF

出版	瑞昇文化事業股份有限公司
作者	EOS plus (遠藤和広　高橋翔)
譯者	高詹燦　黃正由
總編輯	郭湘齡
責任編輯	林修敏
文字編輯	王瓊苹　黃雅琳
美術編輯	謝彥如
排版	六甲印刷有限公司
製版	明宏彩色照相製版股份有限公司
印刷	桂林彩色印刷股份有限公司
法律顧問	經兆國際法律事務所　黃沛聲律師
戶名	瑞昇文化事業股份有限公司
劃撥帳號	19598343
地址	新北市中和區景平路464巷2弄1-4號
電話	(02)2945-3191
傳真	(02)2945-3190
網址	www.rising-books.com.tw
Mail	resing@ms34.hinet.net
本版日期	2016年6月
定價	350元

ORIGINAL JAPANESE EDITION STAFF

編集協助	キャデック、西川敦子
書籍設計	大場君人 (公園)
主文設計・DTP	川上明子

國家圖書館出版品預行編目資料

大師如何設計：最完美住宅照明 / 遠藤和広, 高橋翔作；高詹燦, 黃正由譯. -- 初版. -- 新北市：瑞昇文化, 2013.12
128面；18.2x25.7公分
ISBN 978-986-5749-13-2(平裝)

1.照明 2.燈光設計 3.室內設計

422.2　　102025720